思考のレッスン

竹内 薫＋茂木健一郎

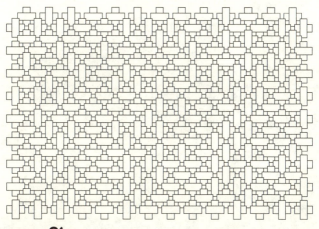

講談社＋α文庫
プラスアルファ

はじめに

「ルネッサンス人」という言葉をお聞きになったことがありますか？　これは欧米でよく耳にする言葉で、「ルネッサンス期の人々のように、あらゆるものに興味を抱いて生きる」、いわゆる万能型、クロスオーバー型の人間を意味します。日本には「器用貧乏」という言葉がありますが、英語にも「Jack of all trades, and master of none」（なんでもできるけれど、何の名人でもない）と、「なんでも屋」をバカにする表現があります。

たしかに、一芸に秀でて、野球やゴルフのトッププロになったり、世界的な音楽家になったり、長者番付に名前が出るような起業家になれたら申し分ありません。でも、そうやって一芸に秀でて成功を収める人はわずかです。おそらく人口の〇・一パーセントにも満たないでしょう。

日本も一九七〇年代には「一億総中流」といわれ、誰もがふつうに幸せになれる時代がありました。でも、バブル崩壊、そしてリーマンショック後の世界的な不況の時代において、九九・九パーセントの日本人は、会社のリストラに翻弄《ほんろう》され、学校を出ても就職先が見つからず、生活の不安を抱えて毎日を過ごしています。

こんな時代に、実は「ルネッサンス人」は、しぶとく生きてゆくことができるのです。なぜなら、なんでも屋であるがゆえに、さまざまな業種に適応できるから。仕事も見つけやすいし、そもそも、なんでも経験しているので、環境の変化にも強いわけです。

この本はもともと茂木健一郎と半分ずつ書くはずでした。茂木と私とは大学の物理学科の同級生です。現在、茂木は脳科学者、私はサイエンス作家となり、二人とも物理学を直接研究することはなくなりましたが、二五年にわたって親交は続いています。

そもそも私が茂木と一緒に本を書こうと思った理由は、二人とも「なんでも屋」だったからです。私は東大の文科I類（法学部進学課程）から教養学科の科学史・科学哲学科に進み、卒業後、物理学科に学士入学しました。そこで茂木と出会ったのです。茂木は、物理学科を卒業してから法学部に学士入学しました。つ

思考のレッスン　目次

第1章　分断の芽生え

僕が法学部を受験したわけ

近年、理系の発想が注目を浴びるようになってきました。実例をあげると、藤原正彦、養老孟司、茂木健一郎といった、理系の人のオピニオンが一般に広く受け入れられていています。

ひと昔前は、文系の人は文系の人が書いた本しか読んでいなかったのが、ここにきて理系の知識人の発言に、文系の人がまともに、まじめに耳を傾けてみようという風潮がでてきています。

たぶん、理系と文系の壁が壊れてきているのではないかと思うんです。僕自身の中で理系と文系の壁というのができたのが大学に入ってからで、それが壊れたのが大学院の受験に失敗して、結局カナダに留学したときなんですが、そのときの感覚に非常によく似ているんですね。

高校二年のときに、理系に進むのか、文系に進むのか、コース選択があったんです。当時僕自身は、科学少年で、おまけに帰国子女だったので、数学や物理、英語は得意だったし、今作家をやっているくらいだから当然本もたくさん読んでいて、国語もよくできたんです。だから文系に進もうか理系に進もうかすごく迷いました。落ちこぼれの時期もありましたけど（これについては後ほどゆっくりお話しします）。

進路を選択するにあたって、理系と文系という大きな括《くく》りというのが、僕のそのときの実情には合っていなかった。自分自身の人格が分断されてしまうような感じだったんです。しょうがないので、えげつないけど、将来どちらのほうが出世するのか、ちょっとずるい計算をしたんですね。そのとき、いろんな資料を集めたり、先輩諸氏の話を聞いてみると、生涯賃金の比較があって、文系の人のほうが高いことがわかりました。

たとえば、エンジニアはすごく大切な仕事をするけれども、賃金は安く、結果として会社に「使い捨てにされる」という印象を受けてしまう。そして、よくよく見ると、組織の中で、いちばん偉くなる人はほとんど文系出身。もちろん例外はあります。ホンダやソニーは理系のエンジニアが長らくトップでした……（ソニーはその伝統を失いましたが）。

どうやら、文系の法学部に行かないと偉くなれない、そして偉くなれないと給料もたくさんもらえない。こういう理由から、僕は法学部を受験することに決めたんです。ところが、いざ大学に入ってみると、法律を勉強している人はみな、僕と同じような発想なんです。当たり前かもしれないけど、法律を勉強して国をよくしようとか、法学そのものに情熱を燃やす人はほとんどいませんでした。だって、僕自身がそういうえげつない理由で法学部に行こうなんて考えているわけですから。

もちろん個々の人はみないい人、いい友人なんだけれども、誰も「将来どうしたいのか」というビジョンがない。もちろん僕も将来に対する夢がなかった。法学部をでて、司法試験でも受けてみて、役所に入って、最終的には次官までは残れなくても、その前の局長かその下の審議官くらいまでにはなれるだろう。そして、天下りを二回くらいして退職金をたくさんもらえば、生涯賃金はすごく高くなる。仮に一般の企業に入った場合でも、法学部をでていれば出世コースにのりやすいだろう……なんていう「狡《こす》い」ことを考えていたんです。

でも、法学部に一年いたらいやになっちゃった（笑）。当時、法学部のクラスにでていても、教養の科目として物理とか数学を取る必要があったんですが、そちらのほうが断然楽しくて、肝心の法学部の授業はと言うと、じーっと二時間すわっているのが苦痛に思えてきたんです。

先生に質問されれば、ちゃんと答えられるんだけど、なんでこんなことを、時間を割いてやらなくちゃいけないのかと、自分の中で折り合いがつかなくなってしまいました。一所懸命聞いているのは、文系の学生向けに物理学の先生がやっている授業だけで、これではまずいなと思って、思い切って二年生のときに転部することに決めた。

ところが、当然のことながら、いきなり法学部から物理学科へは、転部できないんですね。

理系と文系の壁

はずかしながら、大学に入ってから理系と文系の壁があることを初めて悟ったんです。おかしな話で、高校二年までは理系と文系の壁なんてなかったんです。それまでは同じように勉強していたのに、大学の一、二年で突然ベルリンの壁みたいなものが立ちはだかってくる。

でも壁があればそれを必ず乗り越える人がいて、それを突破するやつがいるわけですよ。僕もいろいろ考えて挑戦することにしました。そして、結局これはいっきにやるのは難しいという結論に達しました。いっきにやるには受験をし直して、理系の進学コースに入らないといけない。しかし、また受験し直すのもめんどうだなと思い、なるべく理系に近いところで、受験をし直さずに、システム上どこに行けるかを調べたところ、教養学部の中に科学史・科学哲学という学科を見つけました。この学科は、自由に理系の科目が取れることがわかったんです。

それで、教養学部に進むことにしました。当時、法学部（注参照）にいた人の

注　正確には、東大の場合、一年と二年は全員が教養学部に所属し、三年から専門学部になる。だが、教養学部の文科Ⅰ類は、全員が無条件で法学部に進学できる仕組みなので、事実上は「法学部」だと言える。ここでは混乱を招かないように「教養学部文科Ⅰ類（法学部進学課程）」ではなく単に「法学部」とした。

中で理系へ転部したのは僕だけ（笑）。かなり心細かったのを憶えています。

当時の大学は、文系、理系と完璧に分かれていて、世界が違っていたんですね。僕がなぜその二つの間をブラブラしたのかというと、帰国子女だったことが影響しているのかもしれませんね。

英語の洪水

話が前後しますが、僕は悪名高い帰国子女です。今でこそ珍しくありませんが、昭和四六（一九七一）年頃は、学校で一人くらいしかいないんですね。実は、帰国子女というのも人格が分断される傾向が強いように思うんです。とくに、昭和後半の帰国子女の場合（笑）。

うちは、父親が仕事の関係で突然海外に転勤することになったんです。でも、そんな話、僕にとっては寝耳に水でした。日本で生まれ、普通に小学校に通ってたんですから。

昔は英語に対してあこがれみたいなのがありました。日本はまだ今のように豊かな国ではなかったし、テレビでは『アイ・ラブ・ルーシー』とか『奥さまは魔女』とかやっていて、テレビの中の世界って、現実に子どもが見ている日本の風景とぜんぜん違うわけですね。走っている車や家の中のあらゆるものが別世界のもののように思えた。

いまだに覚えているのが、海外の番組を観た夜など、妹と英語ごっこをして遊んでいたことです。といっても英語なんかぜんぜんしゃべれないんだけど、タモリがしゃべるように、英語っぽく発音して話すみたいな遊びをしてたんです。小学校の三年生くらいのときかな。ところが気がついたら、いきなり「お別れ会です」となって、あっという間に飛行機に乗って本場アメリカのニューヨークに来ちゃった。

一九六九年と言えば、ニューヨークメッツがミラクルメッツと呼ばれて優勝した年です。ニューヨークには日本人が一〇〇〇人いるかいないか、という時代で、為替レートも一ドル三六〇円で固定されているときで、今の人には想像がつかないかもしれませんね。もちろん、正規の日本人学校もない時代でした。

そこで翌日から、いきなり現地の小学校に通うんです。クラスにはもちろん日本人は誰もいない。当時学校全体で、日本人は三人いました。でも学年が違うからぜんぜん助けにならないんですよ。それでしょっぱなから英語の洪水。もちろん、ぜんぜん理解できないですよ。だって、ABCも知らないんだから。ABCくらい日本で教えておいてくれればよかったんだけれども、母親が「そんなの習っていかなくても、あっちに行けば毎日英語漬けの生活になるから平気だ」って言って、なんの予備知識もなくそのまま連れて行かれました。確かに、半年も経たないうちに子ども同士で使うレベルの英語は習得しました。毎日やるしかないから……。

サバイバルの英語学習

アメリカなのでもちろん全てが英語の環境です。文化もまったく違うし……、半ズボンも長ズボンになる。もう何もかも変わるわけですね。両親ははっきり言って自分たちのことで精一杯でした。父親はいきなり英語でアメリカ人の同僚たちと仕事をする、母親は英語ができないから買い物もはじめはできない。恐る恐る買い物に出かけるしかない。そういう状況だったので、学校に関しては自分で生きていきなさいという感じでした。

でも単語はすごく勉強しました。夏休みに集中してやったのが大きかったのかもしれません。両親が大変なことはわかっていたから、とにかく自分でやるしかない。自分でやらないとサバイバルできないという状況だった。

アメリカの本屋さんには、単語を勉強するための本がたくさんあります。アメリカは移民の多い国で多民族国家なので、英語が母国語でないために英語の単語を知らない人が大勢いるんですね。それが昔から続いているから、そういう人たち向けに単語の本がたくさんある（注参照）。

僕が勉強した本では、まず最初に、その日に学ぶ五個の単語が登場する七〇語くらいの例文がありました。いきなり、生の文章での単語の使われ方を示して、意味を推測させるんですね。

それを頭に入れて、簡単なテストをして、あとは単語の綴《つづ》りを書く練習をしました。日本だったら発音がわからないから音声教材が必要になりますが、アメリカにいるから覚えた単語は翌日には誰かが使っているので、それが耳に入ってく

注　単語勉強用の参考書としては、たとえば『1100 WORDS YOU NEED TO KNOW』(Barron's Educational Series, Inc.) がある。

It made golden lamps of a pair of eyes. There was a *leaping* movement and a quick *thudding* of *hoofs* back among the trees. It was only an *inquisitive* deer.

("The Lady in the Lake" by Raymond Chandler)

Definitions:

1. leap	**a.** curious or inquiring
2. thudding	**b.** jump or spring a long way, to a great height, or with great force
3. hoof	**c.** the action of moving, falling, or striking something with a dull, heavy sound
4. inquisitive	**d.** the horny part of the foot of an ungulate animal esp. a horse

実際には例文がもう少し長く、5つの初出単語があり、途中に穴埋め問題があり、最後にイディオムの紹介がある。ここでは *New Oxford American Dictionary* の定義を引用した

れば、すぐ認識できるわけです。単語を覚えれば覚えるほど、周りの人が話しているとの認識率が高まっていく。それが生活の中で実感できました。

しかも、英語のおもしろいところは、一つの単語からいろいろ派生する単語がわかるようになることなんです。中核になる単語を覚えると、形容詞とか副詞とかの使い方や語源もわかってきて、単語数としては三〇〇とか五〇〇くらいなんだけれども、実質的な応用力というのはその数倍に広がるんです。そうすると、子どもの英語力としては、単語の応用力がこれまではたとえば三〇語とか五〇語というレベルだったのが、一〇〇〇語くらいの単語が使えるようになってきて、生活には不自由しなくなるんです。

そのあとは、知らない単語がでてきたら、そのつど覚えていけばいいので、英語の勉強も楽になるんです。イメージとしては、日本の子どもが日本語を覚えるときに少しずつ覚えていく、その過程を、二ヵ月くらいの短期集中でやってしまう感じでしょうね。そんなことできるのか、って思うんですけど、子どもって案外やってしまうんですね。

結局、単語さえちゃんとわかってくれれば、しゃべるのも本を読むのも楽しくなる。単語力さえつけば、なんとかなるというのが僕の実感でした。

さらなる人格の分断

でも、僕の人格が分断されたのはアメリカにいるときではなかった。実は日本に帰ってきてからだったんです。日本に帰ってきたときにすごいカルチャーショックを受けてしまって、そのときに理系と文系と同じ「分断」の感覚を味わったんです。

本当は五年くらいいる予定が、父親が会社の上司と喧嘩して、「もう日本へ帰る」と言って任期を短縮して帰ってきてしまった。で、今度はいきなり自由な社会から規律のある社会に逆戻り。

たとえば、当時日本の小学校では授業のときなど、みんなきちんとすわって、姿勢正しく先生の話を聞いているのが当たり前でした。私語ももちろんないわけです。ところがアメリカの学校では、授業中みんな勝手にしゃべったりしているし、横になってみたり、あぐらをかいたり、いろんな格好で先生の話を聞いているんですね。

質問だって、先生が黒板に何か書いているときでも平気でするわけですよ。女の子はハンドバッグを持ってきて口紅つけたりするし。そういうのが当たり前の世界だった。

ニューヨークの男の子はサマーキャンプ以外、半ズボンなんてはいてないんですよ。でも、日本に帰ってきたらみんな半ズボンで統一されているわけです。しかも、冬でも半ズボンはいて。なんで冬の寒いときにまで半ズボンはいているんだろうって疑問に思ったりしたんです。行く前はそんなこと感じていなかったのに、いったん自由な社会に放り出されて、そこになれてしまってから、規律の厳しい社会に戻ってくると順応できないんですね。

おまけに、今度は日本語ができない。とくに漢字が書けないんですね。そこで日本語を必死に勉強するわけですが、実はこっちのほうが大変だった。なぜならさっきも述べたように、アメリカは多民族国家だから、単語を覚えるための本はたくさんあったんです。ところが昭和四六（一九七一）年頃の日本に、学力が遅れた子どもの漢字練習帳なんてありゃしない。

漢字テストがあるたびに、いつもシクシク泣いてました。あまりにもできなくて。

習字と漢字については本当に困りました。漢字を覚えるのにすごく時間がかかった記憶があります。要するにメソッドがない、アメリカに行って単語を習得したときのような漢字の速習本を必死にさがしたけれど見つからなかったので、当時はひたすら教科書を勉強するしかなかった。でも教科書は帰国子女の落ちこぼれ向きには作られてないからずいぶん苦しみました。

それで不登校になりました。月曜病って言うんですか、月曜日になるとお腹が痛いとか熱がでたと言って、体温計を持ってきてはトイレに閉じこもって振ってみたりこすってみたりして熱があるとか、お腹が痛いからもうだめだと言って学校をズル休みするために必死になる。そうしてだんだん学校へ行かなくなったんです。

でも両親は放任主義を貫いていましたね。学校へ行きなさいとか、勉強しろとは言わなかった。なぜ言わなかったのかはわからないんです。子どもが苦しんでいて、不登校になりかけているのを見て、学校についていけないのがわかっているんだけど、別に家庭教師をつけるわけでもなく、親が特訓するわけでもなく、ただ見て見ぬ振りをしていた。

おそらく、一〇歳、一一歳の子どもでしたから、適応力があると思ってたんだと思います。あとは僕自身の性格を見ていたのかもしれない。アメリカでの経験もあったし、追い込まれるとやるタイプなので、自分でいろいろ工夫してやっていくだろうと……。

心が折れそうになって

あるとき国語の試験があって、先生が「おまけ」してくれたことがあるんです。普段はとても厳しい先生で、漢字の試験ができないと、できない子どもたちだけがもう一度試験を受けさせられた。クラスで落ちこぼれをつくらないために厳しく指導していたんでしょうね。でも、二年近くブランクがあったわけだから、一回や二回の補習や追試では僕を救うことはできなかったんです。

だから三回とか四回とか試験を受けるはめになる。そうなってくると、だんだんクラスの中の本当の落ちこぼれが絞られてくる（笑）。そしてとうとう、最後の五人の居残り組のうち、僕以外の四人が合格点に達し、僕は少しだけ点が足りなかった。最後に僕だけが取り残されてクラスでビリになってしまった。心が折れそうになりました。ところが、先生が僕の答案を採点しているところを見ていたら、ササッと丸をつけて、「あれ? 竹内君、今回はできたな」って言ったんです。

でも僕はできてないことはわかっていた。今回も不合格のはずだったんだけど、最後の四人ができて喜んでいる様子を見て、先生が「みんなできたな」と言ってくれたのをよく覚えています。

最後の落ちこぼれであるというレッテルを貼らないように、先生が考慮してくれたんだと思うんです。もちろん、子どもたちとの取り決めがあって、僕のケースはそれからはずれているんだけど、教育者として立派だったと思うんです。

きっと先生は、不合格なのを合格にしてくれたことを僕がわかっていることを承知していて、それによって、僕を奮い立たせようとしたんでしょう。あれこそが教育っていうものなんじゃないかなと今でも思い出します。

もしあのとき、「お前一人だけできないな、バカ」と「ダメ」のレッテルを貼られていたら、完全に心が折れて、勉強なんかするもんかという絶望のほうへ追い込まれてしまっていたかもしれない。そういう意味で先生はすばらしい教育者であったと思うんです。

科学少年への目覚め

そしてもう一つ、僕にとってはとても重要なことを先生がしてくれました。杉並区の科学教室に入れてくれたんです。科学教室というのは、勉強ができる子どもが選抜されてクラスから一、二名行くような、子どもにとってのエリート教室で、みんながクラスルームをやっているときに、午後早めにでていって、子どもながらにすごい科学実験や観察など、いろんなことをやるんです。本当だったら僕は科学教室へは入れない。なぜかというと、成績は学年でビリでしたから。

アメリカに行ったときも、英語ができないから、学年でビリだった。でもそこから勉強して、じわじわと這い上がっていったんですが……。ようやく授業にもついていけるようになったかなと思ったら、日本に帰ってきてまたビリからのスタート。しかも月曜病で苦しかったときに、先生のコネで科学教室に入れてもらえたんです。

実は担任の先生、杉並区の科学教室の創始者だったんです。なので、口を利いてくれて無理やり押し込んでくれた。すると、クラスメートの僕を見る目が変わってきた。

みんなが「こいつはダメ人間じゃないんだ」と認めるようになるんですね。バカだと思っていたけど、あいつにも実はいいところがあるのか、という雰囲気になってきて……。そうなるともういじめられないんですよ。

レッテルによる分断

そもそも落ちこぼれの子どもというのは、子ども社会の中でレッテルが貼られてしまい、それが固定化されてしまう。だからいくら勉強しても成績が上がらない。心理的な呪縛《じゅばく》があって、子どもたちの小さな世界で「あの人たちは勉強ができて、たぶん中学受験するんだろうな」という人たちと、もしかしたら高校に行かないだろうという連中に区分けされていて、本人たちも「勉強できない」グループに属していると思い込んでいるんです。

「身分」が固定化されていると、いくら勉強してもうまくいかない。たまにテストの成績がよくなるとみんなから冷やかされるような状況ができてしまう。すると勉強しようという意欲が続かなくなってしまうんです。そういう精神的なものが大きい。

家庭環境も大きいと思うんです。当時、見ていて感じたのは、落ちこぼれの子どもたちの家庭環境が悪かったこと。アメリカにいたときでも、プエルトリコ系、ヒスパニック系の子どもたちを見ていると、たいていは親の収入も学歴も低いことが多い。だから、家庭での、子どもの学校の成績への期待が低いんですね。

子どもって周囲の期待に応えようとするから、最初から期待されていないとモチベーションが高まらない。褒めてくれないと子どもは勉強しないから、それが成績格差の大きな原因になっているんだと思います。もちろん日本に帰ってきてからも同じような印象を持ちました。

子どもの心が折れてしまった

日本に帰ってきたころ、親同士がとても親しくなったクラスメートがいるのですが、彼の家庭環境で心が痛んだことがありました。彼は一所懸命勉強していて、落ちこぼれではなかったんですが、母子家庭で、貧しく、お母さんが在日韓国人の方だったんです。当時、その人たちの住んでいるところがスラムのようになっていました。僕はよく彼の家へ遊びに行ったりしてましたが、クラスのみんなは彼が「在日」であるということをうすうす知っていて、あまり彼と遊んだりする子どもはいなかった。

僕が今でも覚えているのが鼓笛隊で誰が太鼓を叩くかで、選抜試験をやったときのことです。バチを家に持って帰って練習してきて、音楽の時間になるとその課題をやって、できた順に大太鼓、中太鼓、小太鼓が決まっていくんです。太鼓が鼓笛隊の花形。その次がピアニカ、そして、その他大勢は笛。鼓笛隊だから、笛も重要なはずなんだけど、太鼓はエリートだった。

その友だちは、母子家庭だから、お母さんが働きにでて生活を支えていました。生活も苦しかったのに、鼓笛隊の話を聞いたお母さんが彼のために小太鼓を買ってあげた。まだ鼓笛隊の選抜がはじまる前に。だから僕の友だちは家で一所懸命に「マイ小太鼓」で練習をしてたんです。

音楽の授業のたびに、だんだん大太鼓、中太鼓と合格者が決まっていくわけです。僕の友だちは合格ラインギリギリの最後の三人くらいまでに残ったんです。試験のときみんなの前で演奏して、うまくできたのに、なぜか先生が合格にしなかった。「もう一歩だね」とか言って。差別があったのかな、とそのとき感じました。友だちも、完璧に練習してきてたのに「酷い」と感じたのでしょう。彼は、それっきり試験を受けなくなってしまった。

僕は漢字のテストで担任の先生に救ってもらったのに、彼にはその逆のことが起きたんです。彼は一所懸命練習してきたのに、差別されたと思ったんですね。音楽の先生が自分のお気に入りの子どもを依怙贔屓《えこひいき》してたかもしれない。自分のかわいがっている子どもを太鼓のグループに入れてあげたいという大人の思惑、エゴのあらわれだったんじゃないかと。

大人のエゴで落とされたことは友だちにもわかったし、僕にもわかった。おそらく、依怙贔屓で太鼓にしてもらった子にもわかった。そして、僕の友だちは「どうせ僕は在日だから、努力してもだめじゃん」と感じたに違いない。それで自暴自棄になってしまった……。

教育者というのは、やるべきことと、やってはいけないことがある。子どもの気持ちは非常に傷つきやすいですからね。母子家庭で収入が少ないのに、お母さんが子どものために太鼓を買ってあげて、機会を与えてあげたにもかかわらず、先生が子どもの純粋な気持ちを踏みにじってしまった。もしあのとき、テストに合格して太鼓のグループに入っていたら、彼のその後の人生は変わっていたかもしれない。

親と教師と子どもの壁

さっき、僕が不登校になったとき、それでも両親は放任主義で何もしなかったと言いましたが、正確ではありません。そう装ってはいたものの、どうしていいのかわからなかったんじゃないかと。父親は当時バリバリの企業戦士として働いていて、毎日午前様で、子どもは夜は早く寝るように言われるから、しかたなくベッドの中でラジオを聴いたりしていました。でも、父親が帰宅するころには夢の中。夕食を一緒に取ることもなかったし、朝は僕が起きるより早く出かけてしまうし。朝ごはんを食べていたかどうかも知らないんです。

でも母親は僕のことを心配していましたね。不登校になって、どうしていいのかわからなかったようです。なぜ不登校になっているのかという原因がまずわからない。アメリカでは不登校にならなかったのに、なんで日本で不登校になるんだろうって。

やっぱり日本の文化は閉鎖的なところが原因だと思うんです。多様性をあまり認めないから、他から少しでも逸脱している人間はすごく苦しい。孤立したり、落ちこぼれたり、ニートになったり、ひきこもりになったりする人たちの気持ちが、わかる気がします。自分がそうだったから。

いったん孤立したり落ちこぼれたりすると、ますます悪循環に陥ってしまう。周りもみんなバカにするでしょ。よくテレビに識者がでてきてニートについて論じているけれども、僕がいつも感じるのは、こういう人たちは落ちこぼれになったことが一度もないから、ニートやひきこもりになる人たちの気持ちがわからないんだ、ということです。

ずっと優等生で、いい大学へ入って順風満帆、という人たちが識者としてテレビにでてきて論じた場合、落ちこぼれ体験がないから説得力がない。

ただ、昭和四六（一九七一）年当時はまだ、不登校という言葉自体もなかった、というか認識されていなかった。たとえば学校が荒れて、窓ガラスが割られるといった問題も一九八〇年代になってからですよね。僕たちのころにはそういうことはなかったし、厳しい規律の中で勉強していたし、不登校なんて許されないし、仮病もだめ。精神的に苦しんでいる子どもがいることを誰もわかっていなかったんですね。ちょっと冷たい目で見られ、ダメなやつはダメ、たるんでるって言われる。まさに根性論の時代でした。

幸い、僕の場合は先生がよかったから、帰国子女が抱えるカルチャーショックを充分理解してくれたんですね。よく家を訪問してくれました。先生と親が連携して考えていたんだと思います。親と先生との信頼関係があったと思うんです。

日本にはいじめ、不登校、ニートといった問題があるけど、親もどうしていいのかわからないというのが現実だと思うんです。もっと、多様性を受け入れる、社会的な許容力が必要な時代にきています。

第２章　学問の分断

数学と物理の壁

以前に『たけしのコマ大数学科』（フジテレビ系）というテレビ番組で解説をやっていましたが、そこでよく問題になるのが、この問題は算数なのか数学なのかということなんです。

以前、国際数学オリンピックの三年連続の日本代表で、うち二回で金賞をとった西本将樹君（その後、東大数学科に進学）がゲストできてくれて問題を解いたんです。そしたら彼が「あ、この問題は算数ですね」って言ったんです。ところがスタッフ一同、なんでこの問題が算数なのかと首をかしげていました。というのは、番組の趣旨としては、『平成教育委員会』が算数を扱っているから、それよりワンランク高い数学の問題をやるはずだったんです。

解説をやっている僕や中村亨《あきら》さんなんかは、それが算数と数学の中間であるという認識があるんですよ。少なくとも、数学とは違うというイメージがある。何が違うのかと言えば、「抽象化」、一般化の度合いなんですね。数学科に行って、数学者として研究をする人は、数字そのものは使わなくなっていくものなんです。具体的な数字は消えていく。そうではない、もっと抽象化された、非常に記号がうごめいているような世界で研究すると思うんです。

現実と数字のつながりが、ある意味失われてしまい、数学のための数学が出現する。

物理の場合、方程式があれば、その方程式にでてくる量というのは、たとえば分子の速度であるとか、銀河の距離であるとか、宇宙に実在するものとの対応関係を表しているわけです。ところが純粋数学はそれがまったくない。ふっとどこか、「アウフヘーベン」（注参照）されているというか、上のレベルの世界に行って、数学者たちの話を聞いているととてもじゃないけどついていけない。

ジョークで耳にしたことがあるんですが、ある有名な数学者が物理をやっている人たちの話を聞いてこんな感想をもらしたそうです。

「あなたたちの話は具体的すぎてわからない」
これが僕が抱く数学者のイメージなんですよ。

抽象より現実の世界へ

われわれからすると、「あなたたちの話は抽象的すぎてわからない」というのはありうるけれど、具体的すぎてわからないというのは、まずない。でも数学者たちは逆なんですね。

抽象的なもの、一般化されたものは高校の数学にもでてきます。数列を習っているときに、一般項ってでてきますよね。nが入ってくる式です。だからこの数列があったとき、五番目の数はなんですか、というのはまだ算数なんですね。なぜなら具体的な数がでてくるから。そうじゃなくて、この一般項を求めなさい、となるとおそらく本当の数学になってくる。それを全ての分野でやっていくと、

注　アウフヘーベン（aufheben＝止揚）。哲学用語。弁証法に登場する概念で、テーゼ（命題）、アンチテーゼという対立が解消されて、別の次元に上がることを指す。今の場合、数学者たちが現実から「舞い上がった」別世界で数学をやっている、というほどの意味。

いつの間にか数字が消えてしまって、具体的な世界との関連もなくなって、ひたすら数学の純化された世界があるだけなんですね。

僕にはそれがダメだったんです。でも数学自体は好きでした。物理では数学を使う何か、たとえば宇宙という実体のあるものにあてはめる。これは具体的な話なんですね。たとえば、アインシュタインが考えたアインシュタイン方程式というのがあります。宇宙の大きさとか、膨張速度とか、宇宙の密度とかを記述する方程式なんです。たしかに途中までは一般的・抽象的な式がでてくるんですが、最終的には数字に戻っていくんです。なぜなら現実の宇宙に合わせるにはどうすればいいのか、という話になるからです。

あるいは流体力学の場合には、実際の流体がどれだけ「ネバネバしているのか」を求めることになるわけで、そういうのは具体的なのですごくおもしろかった。

それで結局、学士入学の試験を受けて、東大の物理学科に入り直したんですね。本当は京大の物理学科に行きたかったんですが、当時、京大に問い合わせたところ、「学士入学なんてありません」と一蹴されてしまったんですよ（笑）。

数学が怖いと思ったとき

数学の世界に行くのが怖かったんです。抽象というレベルの階段を上がっている途中でぱっとはしごをはずされるのが！　その瞬間、下の現実の世界と分断されるわけで、物理をやっている人はそれが怖いんです。

物理をやっている人は、ボトムアップ式です。まず現象があって、そこにいろんなものがうごめいていて、そこから数式のようなものがでてくるというイメージなんですが、数学をやっている人たちはそうではない。彼らには、まず定義がある。定義というのは著者がそう定義するので誰も文句は言えない。次にそこから論理を使って、証明がなされていって、定理がでてくる。そして定理を証明するためには補題とかがあるわけですね。そうすると、そこにあるのは定義と定理と補題、そして証明という徹底的に抽象的な世界なんです。

超ひも理論というのがありますが、超ひも理論を物理学者が記述するとどうなるかというと、まずニュートン力学からはじまって、それに相対性理論の考え方を取り入れて、そこに量子力学の考え方を取り入れ、というように下から構築していって、最終的に超ひもみたいなものがでてきて、方程式が創り出される、ということになるわけです。

ところが数学者が書いた超ひも理論の本を読んでも――僕は超ひも理論を専門に勉強してましたけど――理解できない。何がわからないかというと、数学的な定義からはじまり、その定義を証明しているんだけど、なぜそれをやっているのかがわからない。

それはおそらく、超ひもの空間、これは抽象空間なんですが、その構築からはじまってしまうから。トップダウン式に抽象世界の構築からはじめるんです。神様が世界を創ったみたいに、上から創っていくんです。上から創っていく数学者の視点と、下から積み上げていく物理学者の視点が異なるので、なぜそんな抽象世界から創っていくのかというところから理解できないんです。

物理に行く人と、数学に行く人ではそこで大きく分かれるんですね。世間の人は数学屋と物理屋は同じ人種と思っているでしょうが、ぜんぜん違うんですね。ボトムアップかトップダウンかで。数学と物理も分断されている。

繰り返しになりますが、トップダウンの人はもともとはしごがないんです。上から落下傘で降りてくる人たちで、神の視点から世界を見ているから、別に地面に足がつかなくてもいいんです。ところが物理の人は地面からバベルの塔を創るみたいに、だんだん組み上げていくから、上の世界に行ったときに土台が崩れるのは怖い。そのまま上に上がっていけばいいだけなんだけど、はしごが壊れはじめたときに、現実世界との接点が失われる段階、抽象化が非常に進んだ段階ですごく怖くなっちゃうんです。だから僕は物理に行った。ただ、物理に行ったんだけど、その中でもかなり抽象的な、実験物理学者が眉をひそめて「こんな抽象的なものは物理じゃない」という超ひも理論を勉強したんです（笑）。

数学と物理と視野の広がり

今数学界では、すごくおもしろい現象が起きています。実は超ひも理論の研究者でフィールズ賞をとったエドワード・ウィッテンは物理学者だったんです。また、二〇〇六年にポアンカレ予想（注参照）を解いた功績でフィールズ賞を贈ら

注　ポアンカレ予想＝敢えてくだいて表現すると、「穴のない、ねじれていない、閉じた三次元の面は球と同じ」となる。

れたものの、受賞を辞退したロシア人のグリゴリー・ペレルマンの研究手法には、数理物理学的な色彩が見られるんです。

ポアンカレ予想は大勢の数学者がのめりこんで、吸血鬼に血を吸われるように滅びていったという歴史があります。にもかかわらずペレルマンがやってしまえたのは、数学の一分野だけでなく、広い分野を勉強していたことが理由なんです。物理学の熱伝導方程式に近い、リッチフロー方程式というのがあるんですが、その手法を使って、彼はポアンカレ予想を証明してしまったんです。これまでの数学者、とくに数学のトポロジーの分野の権威が、みなポアンカレ予想に挑戦したのに歯が立たなかった理由は、幅広い視点が欠けていたからです。

もっと有名な話があります。二〇世紀最大の天才科学者アインシュタインですが、彼は物理の人で数学は強くなかった。そこで友人のグロスマンに数学を教わりながら一般相対性理論を導き出したんです。自分の弱点がわかっていて、グロスマンの力を借りてなんとかたどりつくことができたんですね。アインシュタインは当時、数学の専門家が研究していたリーマン幾何学を勉強して、自分のものとして取り込んでいった。まさに「越境」しているんですね。

越境して二つの違う世界を融合して初めて一般相対性理論ができた。人間、見聞を広げないとダメということなんです。

エドワード・ウィッテンが物理学出身で、数理物理学の手法で数学の問題を解いてフィールズ賞をとったとき、純粋数学の世界に棲んでいる天上界の人たちは、口々に「ウィッテンの証明がわからない」と言ったんです。ウィッテンの言っていることは証明とは思えないし、なんだかわからないけれども、確かに結果は合っていると言うんです。つまり思考法が純粋数学の人と物理の人とでは違うので、物理的なセンスで問題を解いたときに、それを理解できない数学者が大勢いるということなんです。

自分の得意分野から探検に出かける

同じような例では、「結び目理論」で大きな業績をあげたジョーンズという人がいます。ジョーンズ多項式を発見した数学者です。次頁の図のように、三つ葉の結び目には普通の三つ葉の結び目と、その鏡像の結び目の二種類ありました。

この二つは等価ではないんです。つまり、別種の結び目なんですが、それを区

T　　　　T^*

$$V_T = t + t^3 - t^4$$

$$V_{T^*} = t^{-1} + t^{-3} - t^{-4}$$

別するための数式、すなわち多項式はジョーンズがでてくるまでは存在しなかったんです。結び目理論では、結び目を多項式に置き換えて計算するんですが、三つ葉と三つ葉の鏡像の結び目は別々の多項式で表されなければならない。でも、ジョーンズがでてくる前は、三つ葉と三つ葉の鏡像の結び目を表す多項式は同じものだったんです。要するに計算で区別できなかった。

ところがジョーンズが考えた多項式を使うと区別できるようになったんですね。ジョーンズは『日経サイエンス』（一九九一年一月号）に大発見にいたる思い出話を書いていますが、自分の狭い専門分野だけに閉じこもっていたら埒《らち》が明かなかった。ジョーンズは、自分とはまったく違う専門分野の人のところにアドバイスをもらいに行ったんです。

自分の守備範囲だけではどうしようもなくなったときに、別の専門分野の人のところへ行って勉強する。そうすると別の分野の知見が融合されて、突破口が生まれるんです。自分の得意分野からでて探検に行くことによって、未知の世界が自分と融合されて新しいものがでてくるんですよ。

数学、物理の分野では、天才がある発見をしたときには、よくあることです。

だから大きな業績を残す人は、実は専門バカではない。自分のテリトリーを広げてチャレンジを続ける「冒険者」なんです。

自分の分野だけに閉じこもっていれば、時間もかけられるし学校の成績もいいかもしれませんが、世界は狭いまま。そこに閉じこもっていると、子どものころは神童だったのに大人になったら普通の人になってしまう。

秀才と天才の差は、ここら辺にあるのかもしれませんね。

アメリカの科学は輝いている

ここまでは理系と文系の分断、物理と数学の分断について述べてきました。ここから、科学とはいったい何なのかという話に入りたいのですが、その前に、科学とそうでないものについて話をしてみようと思います。

実は日本に住んでいて、日本の文化にどっぷりつかっていると見えてこないのに、海外にでて、外から日本を眺めると日本の状況がわかる、なんてことがよくあります。

最近ニューヨークに出かけて、大学の先生と話をしていて気づいたのですが、日本とアメリカでは科学というものの意味が大きく違うんですね。われわれ日本人が「科学」と言って世界共通のような気になっているものが、実は大きく異なる。

このところ日本では「理科離れ」などと言われ、科学はくすんでいますが、アメリカでは今科学が輝いている。文部科学省の科学技術・学術政策研究所が出している研究結果を見ると、アメリカでは『サイエンティフィック・アメリカン』という科学雑誌が月七〇万部も売れているのに対して、『サイエンティフィック・アメリカン』を翻訳して、さらに独自の編集をして出版している『日経サイエンス』が数万部なんです。アメリカの人口が日本の二倍だとしても、日本ではアメリカの一〇分の一しか科学雑誌が売れていない計算になります。

日本でいちばん売れている科学雑誌に『ニュートン』があります。個性派の故・竹内均先生の編集で、ヴィジュアルを売りにして創刊された雑誌ですが、現在一〇万部から二〇万部くらいと言われています。『サイエンティフィック・アメリカン』に近づいてきたとはいえ、それでもまだまだ低い。

では内容はというと、『サイエンティフィック・アメリカン』のほうは『ニュートン』よりはるかに専門的で詳しい記述があるんですね。『ニュートン』は初心者向けにもっと噛み砕いて書かれている雑誌なのに対し、『サイエンティフィック・アメリカン』は研究者が執筆をしているし、凄腕のライターが科学者の書いた文章をどんどん直すことでも有名なんですね。アメリカでは、科学の大御所の先生の原稿にライターが「読みやすさ」の観点から赤を入れることは常識。それは、アメリカにおいて、サイエンスライターが「文章のプロ」としての地位を認められているからこそ可能なんです。日本では、そんなことをしたら大騒ぎになって編集長のクビが飛ぶ（笑）。サイエンスライターの力も足りないのかもしれませんが、同時に、科学者の「私は生まれつき文章も巧い」という根拠のない幻想がネックになっていますね。

科学もプロとアマとでは大違いであるように、文章もプロとアマの差は大きいのですが、残念ながら、読者に伝わる文章という観点が、日本の科学者には欠けており、それが科学雑誌が売れない一つの原因になっていると思います。

闘う科学者

僕の肩書は、科学作家、科学ジャーナリスト、科学インタープリター、科学コミュニケーターといろいろありますが、「科学を一般の人々に広める」のが仕事です。海外と情報のやり取りをしていて痛感するのは、アメリカでは科学に対する関心が高いのに、日本では科学に対する関心が低いことです。そのことは、プリンストン大学の分子生物学者のリー・シルバー先生に会いにいったときに気がついたんです。その理由は、アメリカでは科学者が闘っているからなんだと。

いったい誰と闘っているのかというと、科学の二つの敵――第一が宗教右派で、第二が環境左派と呼ばれるグループ――とです。宗教右派というのは、キリスト教原理主義の人たちです。この人たちは、『聖書』の内容がそのまま現実に起きたと解釈するグループで、キリスト教全体から見ると異端で少数派に属しますが、アメリカではそれなりに勢力が強いんですね。

僕はカトリック教徒で、それなりに宗教色の強い家庭環境で育っているんですが、『聖書』に書かれていることをそのまま、現実に起きたと思うことはない。

ある日突然、神様が世界を創ったなんて思っていませんし、比喩的な意味での神話を信じているだけです。それがキリスト教徒の一般認識です。

でもそうじゃない人もいます。偏った宗教観を持っていると、極端な行動に走る。それはキリスト教でもイスラム教でもユダヤ教でも同じです。

アメリカではそうした宗教右派の人たちが平気で政治に介入してきます。専用のテレビ番組があってテレビ伝道師たちが毎週テレビで演説して、いろんなことを言うんです。その典型が「ダーウィンの言ったことはウソで、『聖書』に書かれていることが正しい」という創造説です。人間は、原始的な生物から進化したのではなく、ある日突然神様が創った、と。宗教右派の人たちはこれを学校の科学の時間に教えろと主張するし、さらに政治的に力を持って教育委員会に口を出してカリキュラムを変えようと圧力をかけるんです。

科学者の立場からすると、のっぴきならない状態です。「進化論」は既成事実として、科学コミュニティーに広く認められています。でも宗教右派の人たちは「進化論」と「創造説」を両方教えろと主張するんです。

それが通ると大変なことになります。学校の理科の先生たちが、人は単純な生物から進化してきたかもしれないけれど、ある日神様が突然人を創ったのかもしれません、と教えなければならなくなる。

そんなことを学校で教えたら、世界中の笑いものになる。そこでこれを阻止するために科学者が法廷で証言することになるわけです。正しい「科学」の知識を伝えるために科学者は敵と闘わないといけない。そうすることによって、科学がより身近な問題として輝いてくるんです。

緊張関係が関心を高める

また、環境左派と言われる人たちも科学の敵です。この人たちは「自然のままであれ」と主張して、遺伝子操作などにことごとく反対します。農薬は使ってはいけない、遺伝子組み換えはダメ、と。

なぜ自然に還れと主張する人々がいるかというと、おそらく宗教をもはや信じられなくなった人が、宗教に代わる母なる大地＝ガイア、すなわち地球を信仰しはじめているんじゃないかと、先ほどのシルバー先生は考えています。こういう人たちもまた環境左派と呼ばれる科学の敵なんですね。

一方では神が絶対的だから神に従え、もう一方では神でも科学でもなく自然そのままであれという左右の主張がある。よくよく考えれば、こういった考え方が現実的には無理だというのはわかりますよね。神様が全てを司《つかさど》るというわけにもいかないし、かと言って、石油も電気も使わない、昔の原始的な生活に戻れといっても、もはや戻ることなどできない。

アメリカでは宗教右派と環境左派と科学が三つどもえの闘いを繰り広げています。常に緊張関係があります。

この緊張関係がメディアにそのまま登場するんです。三者がラジオ、テレビに登場し、さまざまな主張をぶつけ合うことになります。科学雑誌でもきちんと科学的な議論を取り上げるので、科学に関心のある人たちは科学雑誌を買うわけです。常に科学の情報を自分にインプットしていきます。そうすることで議論が生まれるんですね。だから、結果としてアメリカで科学は人気があるんです。

日本はというと、科学の成果が間違っているからやめろとか、学校で科学と同時に宗教を教えろという話にはならない。科学は「一人勝ち」なんですね。科学は常に正しいということになってしまう。間違っていると主張することがタブーになっている。だから日本には科学を刺激する敵対勢力がいない。科学は不可侵でぜったいで、専門家にまかせておけばいい、というスタンスです。敵がいないから論争も起きない。科学の発見があっても「ああ、よかったですね。私には関係ないけどねぇ」ということになってしまうんです。

実に皮肉な話です。宗教的な敵がいないがゆえに、日本では科学に論争が起きない。そして、一般の人々は科学に無関心になってしまう。

科学の敵＝疑似科学？

実は、日本には科学の敵はいないんですが、「仮想敵」はいます。いわゆる疑似科学で、僕は自分が巻き込まれたのでよく知っています。留学していたカナダから帰ってきたときに『「相対論」はやはり間違っていた』という本の中で利用されてしまった。僕はその本の中で一般相対性理論と重力理論について、きちんとした解説を書きました。ところがその原稿は三分の一にカットされてトンデモ本に入れられちゃった。題名を知らされていなかったから、その原稿がどう使われるのかまったくわからなかったんですが、いつの間にか「常識から相対性理論を考える会」の一員だと思われてしまったんです。それで研究者の道を断たれたのかもしれない（笑）。

ご存じかもしれませんが、日本ではアインシュタインの相対性理論は間違っているという本が意外に売れるんです。そして、科学の敵がいないから、科学者や研究者は疑似科学に矛先を向けてしまう。

アメリカの宗教右派や環境左派と違って、疑似科学には政治を動かす力はなく、しかも相手の顔が見えなくて実体がないから仮想敵なんです。疑似科学の存在意義は単に科学に対する「アンチ」なんです。科学がなくなったら疑似科学は存在しないわけですから。日本の科学界は、疑似科学という仮想敵を想定し、自らがそれに過敏に反応しているんです。あたかも、科学的議論をしているかのようなスタンスをとっているんですけどね。

議論をする訓練が必要

では、科学を活性化するにはどうしたらいいのか。残念ながら日本においては科学の敵がいないからどうしようもないし、科学を伝える仕事も、頭の固い大御所がいつまでも居座っているから厳しいんです。これは悲劇ですね。

少しでもこの状況を打破するために、もっと議論し、システムを改革すべきだと思います。たとえば日本では、専門家と議論しようとしても、「私は専門家だからお前は黙れ」となってしまう。アメリカではそうならないんですね。宗教右派や環境左派の人たちが明らかに間違ったことを言ったとしても、科学者は、敢えて同じ土俵で議論しようとするんですね。それを一般の人も見ていて、正しいことをきちんと論理的に理解できるんです。

ところが日本の場合は、上からものを言ってしまう。「お前らは科学の知識がないから黙っていろ」と。科学者の側が非科学の価値観に対して、議論をふっかけられたらきちんと議論すればいいんです。そうすれば議論が白熱して、社会も注目すると思うんです。それをきちんとマスコミが取り上げて、公に議論すれば状況は変わっていくはずです。だからもっと科学の論争の話が本や雑誌に取り上げられるべきなんです。

子どものころから議論する習慣がないのも原因かもしれません。科学教室や学校などでもう少し議論する場を設ける必要があるでしょう。

そして、専業のプロのサイエンスライターを育てないといけない。上から目線でバカの一つ覚えみたいに「正確に、正確に、わかりにくくても、みんなにそっぽを向かれても正確に」と唱えている科学コミュニケーション界の大御所にご退場願うしか、科学の人気を復活させる手だては存在しません。この本の出版社も、もう少し、科学書界の「改革」を考えてほしいですね（笑）。

第3章　発想力を強くする

科学の見極め方

ではいったい、理系と文系の壁、英語と日本語の壁、数学と物理の壁、科学とそうでないものとの壁をどう乗り越えていったらいいのでしょう。鍵となるのは「発想力」です。まずはじめに、既成概念にとらわれずに自由な発想をするための、具体的なエピソードなどをご紹介したいと思います。

科学と言ったとき、まずはじめに何をイメージすべきかというと、その対極にある「科学でないもの」です。科学と言うと、たとえば原子力発電は科学であり、核融合と言われているものも科学です。でも、常温核融合と呼ばれているものはどうかというと微妙で、おそらく今のところ科学ではない。それは境界領域で、「いずれ科学になるかもしれないもの」なんです。

アルカリイオン水は微妙です。そして、マイナスイオンの多くは科学ではない。そうやって見渡してみると、何が科学で、何が科学ではないのかというのは、科学者のほうからすると意外と簡単なんです。それは、レフェリーのついている科学雑誌（注参照）に科学論文がでているかどうか、という基準があるからです。

レフェリーには、同業の科学者、つまり専門家がなります。その分野の専門家が数名で論文を審査するシステムがあって、それが確立されている科学雑誌に論文が受理されれば、科学者サークルからお墨付きをもらえるわけです。「マイナスイオンの多くは科学ではない」と言ったのは、マイナスイオンに関する信頼に足る科学論文がほとんどないからです。レフェリー制度がある科学雑誌に載ったマイナスイオンのきちんとした論文は見たことがありません。

実際、厚生労働省は、科学者の言っている基準とほぼ並行する形で薬事法その他で対処を決めるんです。だからマイナスイオンについては、いろいろなところに話がでてきますが、厚生労働省は科学とは認めていません。

厚生労働省が認めていないということはつまり、「マイナスイオンがからだにいい、と銘打って商品を売ったら罰せられる」ということ。そんなこと言っても世の中マイナスイオン製品が氾濫しているのが実情です。実はウチにもマイナスイオン製品がありますし（笑）。

なぜ厚生労働省が認めていない商品を売ってもいいかというと、企業は必ず但し書きとして、「マイナスイオンはからだにいいと言われています」といった伝聞の形で証拠がないことをにおわせるんです。「と言われています」、という文章を見たときには、「あ、これは科学ではないんだな」と考えるべきなんです。

マイナスイオンがからだにいいと銘打って商品を売った会社が、薬事法違反で罰せられたケースもあります。企業はそれを知っているので、とても気をつけているんです。企業側はマイナスイオンが科学でないことを知っていて、でも消費者がそれを望むから、商売上しかたなく作っているというのが実情です。

注　科学雑誌にはレフェリーが掲載の可否を判断する科学専門誌（『サイエンス』や『ネイチャー』など）と、一般向けの雑誌（『日経サイエンス』や『ニュートン』など）がある。科学者が論文を載せるのは前者の専門誌である。

グレーゾーンは科学になりうる!?

アルカリイオン水になってくると、これはもう少し科学に近づいてきます。アルカリイオン水の効用というのは、胃に効くとか、下痢を抑えるとか言われており、それについては、厚生労働省が調査を指示して、ある程度の効用が認められるということになっています。

アルカリイオン水は、科学的に言い換えるなら「薄い石灰水」です（笑）。ただし、これがからだにいいかというのは別の話です。今のところ、からだに悪いという結果はでていないようです。もともとカルシウムがたくさん入ったミネラルウォーターもありますから、アルカリイオン水も、飲みたい人が飲めばいいと思います。ただ、厚生労働省が定めている効能があっても、それ以外の効用を謳《うた》って売ってしまうと薬事法違反になって、厚生労働省が取り締まるんです。

まとめると、マイナスイオンはダメで、アルカリイオン水については許容範囲ということになるでしょう。

科学の定義――反証可能性

ここまでの話で科学とそうではないものとが少しイメージできたと思うんですが、その違いについて、もう少し学術的な定義があります。少し抽象的な言い方になりますが、カール・ポパーが言っている、「反証可能性」というものです。

ポパーはウィーン生まれの科学哲学者で、もともと物理学から哲学へ行った人なんですが、「科学の味方」と言われている哲学者です。ポパーが言っているのは「科学とは反証できるものである」ということです。これはある意味すごく簡単な定義です。逆に、科学でないものは、反証できないということになります。

その例としては、先ほどのマイナスイオン。これは反証可能性がない。いろんな人が証拠を持ってきて、「あなたが言っていたようなマイナスイオンは見つかりませんでした」と言ったとします。もしマイナスイオンが科学であれば、その時点で仮説は却下されますから、マイナスイオンというのは終わりなんです。でも、世間からは抹殺されない。なぜかというと、マイナスイオンらしきものを作っている人たちは、「違うイオンがあるんです」とか言って、話をはぐらかしてしまう。しかしよく考えると、「はぐらかせる」ものは科学じゃないんです。科学というのははじめにきちんと定義を示して、「こういう物質がからだにこう効きます」という仮説を出します。そしていろんな人たちが検証して、仮説どおりにいかなかったら却下される。これが反証です。

先ほど述べたように、科学雑誌に掲載されるというのは、ほんとうにレベルの高い、みんなが純度の高い科学と思っている、真っシロに近いものと考えていいんです。ただそれでも、時間が経つとクロに行ってしまうものもあるので、そこが難しいところです。ぜったいではなく流動的なんです。

ノーベル賞をとっていても、後になって科学的に認められなくなった例もあります。科学はある意味、生き物なんです。常にクロとシロの間のグレーゾーンを漂っている。

知ることと信じること

反証可能性でよく引き合いに出される例として宗教があります。宗教は科学ではない。なぜなら、神様は反証できないからです。たとえば地震が起きてみんなが苦しい思いをした、悲劇が起きました。そこで「だから神様なんていないんだ！」と誰かが叫んだとします。でもそれで神様は反証されたかというと、そういう結論にはならない。「人が死ぬことも神様の思し召し」とも言えるのですから。どんな事件が起きても神様の存在は否定されないという意味で、神様という概念は反証可能でない。つまり神様というのは信じているだけのものなんです。良し悪しでも正否でもないんです。

僕もカトリック教徒なので神様を信じています。でも信じることと、科学的な事実とは話が別なんです。

これがごっちゃにされていることが多いんだと思います。科学という考え方は万能ではないし、宇宙がどうやって生まれたか、生命がどうやって生まれたかなんて誰にもわからない。意識がどうやって生まれたのかなんてことも、今のところ誰にもわかっていない。

それを神様が創ったと信じているのであれば、それでかまわない。あるいは、全て自然発生的にでてきたと信じてもいいと思うんです。信じるか信じないか、何を信じるかは個人の勝手です。全てが科学で説明できていると考えるのは間違いなんです。将来的には科学が進歩して、宇宙や意識の起源は、「信じる」ではなくて、「知る」ことになるかもしれません。その場合は、知らない人は無知なだけで、知っている人が勝ち。でも現状では、科学で解明できていないことは、信じるか信じないかの選択の問題なんです。

無知になってはいけない

科学技術の進歩によって「こうして生命が生まれる」という確かなメカニズムが解明できて、実際に生命を創ることができた、となったときには（注参照）、生命とは神様が創ったんですとは言えなくなる。そういう状況でもなお、生命は神様が創ったんですと信じている人は、単なる無知なんです。無知になってはいけない。

でも科学は万能ではないし、信じることと、知ることを区別する必要があります。科学は知ることです。そして宗教は科学ではないから、知ることではなく信じること。こうしてみると、科学の本質が、おぼろげながら見えてきたと思います。知ることと、信じることとはぜんぜん違いますからね。

この区別がついてくると、「あ、これが科学なんだ」というものが浮かび上がってきます。科学は決して万能ではないけれど、基準がはっきりしていて、非常に有用です。それが科学技術が世の中で重宝されている理由なんですね。科学技術は「知ること」で、それを知っていれば応用できる。技術を知ることによって車は走るし、エレベータは上がるし、ロケットは飛ぶ、ということです。

○・一パーセントでもひっくり返る

先ほど、科学の絶対的な基準は科学雑誌に載っていると言いましたが、科学雑誌に載ったら断定されたというわけではありません。「今後もこの問題については追究が必要である」と、必ず科学者は書きます。というのは、科学者は「今暫定的に自分はこの結果が正しいと思ってこの論文を出したけれども、一〇〇パーセント確かではない」ということは知っているわけです。

それこそ、『サイエンス』や『ネイチャー』に載っている科学論文は、（比喩的

注　二〇一〇年五月、クレイグ・ベンターのチームが人工細菌の作成に成功した。いずれ生命の起源も「知ること」になるのかもしれない。

な表現ですが）九九・九パーセントは正しい、でも〇・一パーセントはひっくり返る可能性があるからです。

宇宙を例にとってみましょう。宇宙は膨張しているのか、宇宙は有限なのか無限なのかという話はつい最近までよくわかっていなくて、多くの研究者がいろいろな説を唱えていました。日本でも有名なホーキングは以前から、「宇宙は閉じた格好をしていて有限だ」と主張していました。現在は、二〇〇三年のWMAP衛星の観測により、宇宙は、ホーキングが考えていたような格好ではないだろうということになっています。

あるいはアインシュタインが最初に発表した宇宙定数。これは真空に存在するエネルギーで、万有引力と反対の力を持ち、空間そのものを膨張させる力（万有斥力）。アインシュタインはそのアイディアを提出した後に撤回したんですね。アインシュタインは、「私は間違っていた。生涯最大の過ちだった」と友人にこぼしているんですが、それが今は復活しているんです。二〇〇三年にほぼ確定したんですが、おそらく宇宙定数に似たものが真空に満ち満ちている。

だから、いろんな科学者がいろんな仮説を提出して、それが間違っていたということにもなるし、やはり正しかったということにもなるんです。科学もすごくダイナミックにグレーの度合い（真っシロから真っクロまで）が変化しているんです。

九九・九パーセントの科学者が信じているような科学概念があったとしても、それもあるとき一つの実験によって覆ることがある。そして三人、四人と実験することによって、いっきにそれはグレーゾーンのほうに傾いていってクロに行ってしまうことがある。

逆に、ほとんどの科学者が信じていないような仮説があったとしても、技術が向上することによって実験が可能になり、それがグレーゾーンを這い上がって、シロの領域に入ってくることもあります。だから科学者がやっていることは、自分の仮説をいかにシロのほうに近づけるかという努力に他ならない。つまり、実験や計算を通じて、周囲の人をいかに説得するかということになるわけです。

これは言葉のレトリックだけではなくて、実際にうまくいけば実用化され、たとえば、本当にそこからエネルギーがでてくるのかどうか、すぐわかります。だから最終的には「実用性」のような基準によって決着はついていくんです。

知ることが勝ち

「知る」という行為は研究の話だけにとどまりません。日常生活のちょっとしたことでも科学的な見方ができるかどうかで、結果は大きく変わってきます。日常生活において科学的な見方ができるかできないかは、生きていく上で重要なファクターになってきます。

自然界の仕組み、人間界の仕組み、経済の仕組み、受験の仕組みといったシステムを知る。そうした知識があって、いろいろな可能性が考えられるようになれば、他人と違った道が拓けます。誰かがある主張をしたら、「本当かな？」とまず考えてみて、でもこういうふうにして別の見方をしたらどうなるのとか、いろんな可能性を考えていくことが科学の態度だと思うのです。

いちばんいけないのは、誰かが言っていることを鵜呑みにすることです。ホームページやウィキペディアに書いてあることを鵜呑みにしたり、知らない人が言っていたことをそのまま信じてしまうのは危険です（もちろん、僕が言っていることも鵜呑みにしないで！）。

言葉から数字のレベルへ

具体的にどうしたら科学的なものの見方が身につくのか。まずは、新聞の科学欄を読むだけでだいぶ違うと思います。ほとんどの人は新聞の科学欄を読まないと思います。面倒くさいか、読んでもわからないと思い込んでいるのかもしれません。

たとえば福島第一原子力発電所の事故を受け、将来の日本のエネルギーをどうすべきか、という大問題があります。

二〇一六年現在、日本のほとんどの原子力発電所が停止している状況で、総発電量の九割近くを火力発電が占めています。一九七〇年代の石油ショック前よりも火力発電が増えてしまったのです。

日本で石炭、石油、天然ガスといった火力発電の燃料が豊富にとれるならば、この状況もさほど問題ではないでしょう。しかし、残念ながら、火力発電の燃料のほとんどを日本は海外からの輸入に頼っています。そのせいで、東日本大震災前と比べて、日本は海外に毎年三兆円以上の余分な燃料費を払い続けているのです。

また、日本が火力発電のために輸入する燃料の産出国の多くは、政治的に不安定な地域にあり、いわゆる地政学的なリスクを抱えてしまっているのです。さらに、(この点はあまり強調しすぎたくありませんが、)火力発電は地球温暖化を助長する二酸化炭素を多く出しますから、いつまでも総発電量の九割を火力発電でまかない続けることはできません。

ではどうすればいいのか。原子力規制委員会が既存の原子力発電所を厳しく審査していますから、安全基準を満たした原子力発電所から再稼働すればいいのでしょうか。それとも、福島の事故を考えると、どうしても不安が拭い去れないので、原発の再稼働はしないほうがいいのでしょうか。

実は、原子力発電所を再稼働するにせよ、しないにせよ、日本の将来のエネルギーに必要なのは「リスク分散」という考えです。起きるはずのなかった石油ショックは来ましたし、絶対に安全だったはずの原子力発電所の事故も起きました。100%安全なエネルギーは存在しないという前提で、いろいろな発電方式をミックスすればよいのです。それがエネルギーの「ベストミックス」という考えにつながります。いったい、そのような比率でさまざまな発電方法をミックスすればベストな結果につながるのか。

とにかく原発怖いからやめましょう、では済まされない。そこで、「そうだ、別の発電にしよう」という話になって、でてくるのが風力発電と太陽光発電。このときそれを科学的に考えてみましょうというのが大切なんです。風力発電で原発一基分をまかなおうとすると、山手線の内側を全部風力発電の風車で埋め尽くさないといけない。東京の発電をまかなうためには東京中に風車を設置しなければならないので、人間は住めなくなってしまう。

じゃあ、風力発電はダメなのかといえば、そんなこともありません。基幹エネルギーを補完することは可能だからです。風力発電や太陽光発電などのいわゆる自然エネルギーは、日本の電力の二割程度まではまかなえるはず。世界の政治状況に左右されない風力発電や太陽光発電は、主力エネルギーではなく、補完エネルギーとして整備していけばいいんです。

こういう計算、発想、思考をしていくのが科学なんです。科学的なものの見方は、言葉のレベルから数字のレベルに換えて考えることです。これはぜったい必要なことです。

定量的に考えるクセ

あることを議論する場合、定量的な議論と定性的な議論があります。定量的というのは必ず数字で見積もることを意味します。定量的、つまり数字に置き換えて見積もるクセがあるかどうかで、科学の考え方をしているかどうかがわかります。「原発は怖いからやめて、ぜんぶ太陽光発電にしましょう」と言っている限り、科学的な見方はできません。

たとえば、都内にある全ての建物の屋根に太陽電池パネルをつけて、山手線の内側を太陽電池パネルで埋め尽くせば原発一基分になります。でも、ネックの一つは太陽電池パネルのコストです。自分の家の屋根の上に太陽電池パネルをつけるとすれば、何百万円もお金がかかる。

国民みんながそれを出すということであれば、それでいいと思うんですが、国民の多くは出したいと思わない。じゃあ毎月何万円も電気代を払えますか？　払えないですよね。そういう問題なんです。みんながそれで納得すれば、それでいいと思う。でも「いやだ」と言うのなら、エネルギーミックスが必要だ、ということになる。

さらに言えば、全部の屋根でエネルギーを吸収したときに、環境その他に影響を与えないのかという問題もあります。というのは、太陽からくるエネルギーは自然界のいろんなところに使われています。それを人間が途中で奪ってしまったら、その下は日陰になってしまう。日陰では植物は育ちません。エネルギーというのは一筋縄ではいかなくて、環境に対する影響も詳細に考えなくてはいけないんですね。

でも、どのようなエネルギー方策をとるのかは、政治と経済の問題になります。科学は、あくまでもその前段階での可能性を検討する際に役立つだけです。日本人は感覚的にものごとを捉えるクセがあります。つまり、定性的な議論が多いんです。さっきの話にもでてきたように、「原発は怖いからやめましょう。風力はクリーンだから推進しましょう」というのは定性的で感情的な議論なんです。「マイナスイオンはからだにいいそうです」も然りです。

定量的な議論というのは先ほどのように、原子力発電を風力発電にした場合、原発一基分の発電量と同じだけのエネルギーを得るためには山手線の内側全部の土地が必要ですよ、というように数字を比較しながら議論することです。

マイナスイオンの場合でも、「このマイナスイオンはどういう化学式ですか?」という議論がでてきて、こういう分子とこういう分子が存在しているんですよ、となって初めて定量的な議論になるんです。こうした定量的なものの考え方・見方が日本社会には少々欠けている気がします。

科学的なものの見方と考える力の関係

科学的に考えるとは、要は「頭の中で計算できるかどうか」です。実は計算というのは論理とつながっています。昔ジョージ・ブールという人がブール代数を発明して、論理学を全て数式に置き換えて「計算」してしまった。コンピュータ科学や情報学を勉強すると教わるんですが、論理とは要は計算なんですよね。

たとえば足し算では、1+1=2。0+1=1、1+0=1、0+0だけ0。そこで、1以上を「真《ホント》」として、0を「偽《ウソ》」とみなします。そうすると、AとBの足し算は「AまたはB」という論理的な発言と同等になります。AもBも両方とも偽のときだけ偽（＝0）になるからです。

ところが、掛け算になると、1×0は0だし、0×1は0だし、0×0も0で、1×1だけが1なんですよ。そうすると、AとBの掛け算は「AかつB」という論理的な関係と同等であることがわかります。両方が1のときだけ1、つまり両方が真のときだけ真なんです。

つまり、「または」「かつ」という論理的な言葉は、数学的には足し算と掛け算になってしまう。だから論理というのはまさに計算なんです。

数値で考えることはつまり論理で考えることに通じるわけです。科学的なものの見方、考え方というのは論理であり、同時に計算なんです。それが日常のものの見方の中に取り入れられているかどうかなんです。それがあいまいになって、感覚的なものが強くなってくると科学的でなくなる。もちろん、日常生活において感覚的なものも必要です。芸術作品を見て感動したり、誰かを好きになるのは科学的とは言えないけれど、それも人生に必要不可欠な要素ですよね。

先ほど、信じることと知ることは違うと言いましたが、感受性を「信じること」、数値化できる計算や論理の世界を「知ること」と置き換えることができます。それをよく人々は文系・理系の特徴と言うんじゃないでしょうか。

論理的思考は訓練から

というわけで、理系的な発想や思考と文系のそれとはどこが違うのかというと、まずはロジック、論理学です。そもそもの論理性が違います。

文系の人でも法学部の人は論理的です。僕は法学部に進学して、それから科学哲学を勉強して、最後に物理へ行きましたが、そのとき感じたのは法律の勉強と物理の発想がよく似ているということです。なぜかというと、法律体系というのは数学に似ているからです。厳密にやらないで恣意性が入ってくると、「こいつは嫌いだから死刑にしろ」「こいつは好きだから無罪放免」ということになってしまう。それはまずいから、きちんと証拠だてて立証し、裁判を進めていかなければなりません。裁判は一種の「計算」です。その結果、たとえば懲役三年といった判決がくだるわけですよね。最後には「情状酌量」といった感情的なものも入るけれども、それまでのステップは非常に論理的ですよ。証拠を集めて議論を進めていくやり方は、科学的な手法そのものです。

このような法律関係の人たちは例外として、いわゆる文系の発想の特徴はなんだといったら、「論理を前面に持ってこない発想」だと思うんですね。逆に、理系の発想は基本的に「論理を前面に押し出してくるもの」です。

よく例にあげられるものに「または」という言葉があります。先ほどは、「またはという言葉は数学的には足し算と同じ」だと説明しました。実は、理系の人が使う「または」と文系の人が使う「または」は違うんです（笑）。たとえば「コーヒーまたはケーキを食べていいですよ」と言われたときに、理系の人やコンピュータプログラマーの人からすると、どっちか一方だけでもいいし、両方でもいい。つまり、三択になっているんです！

ところが文系の人だと、どっちか、つまりコーヒーかケーキの二択になってしまうんです。両方という第三の可能性（選択肢）というのはないんですよ。「または」という言葉が三択なのか二択なのかは、法律の場面で契約書を作るようなときには極めて重要になってきます。つまりあるお金を払ったときに、「オプションとしてAまたはBという選択肢があります」といったときに、AかBのどちらか一方という二択なのか、AだけBだけ、もしくはAとBの両方という三択なのかで大変な差がでてきます。

くどくてもあいまいでもわからない

法律家や、数学や物理、化学、生物、コンピュータをやっている理系の人は言葉を厳密に使い分けています。理系の人の書いた文章がくどくて、非常に読みにくかったりするのは、厳密にしようとするあまり、わかりにくくなってしまうんですね。論理的なんだけれどもわかりにくいという奇妙な状況になるんです。法律や特許といった、厳密な文章になればなるほど、「ただし」といった付加情報が増えてくるので、わからなくなる。それを文系の人たちは嫌います。「この文章はぜんぜんわからない、悪文の典型だ」と言って。ところが、理系の人は文系の人の書いた文章を読んで、「あいまいでわからないぞ」と思う。厳密すぎて冗長でわかりにくくなってしまうか、コンパクトでまとまっているけれど、あいまいさが残ってわかりにくいか。結局は、両方の特性を理解して使い分けるしかないんでしょう。

今のたいていの大学では、論理学の授業は哲学科と数学科でしか必修ではありません。数学科で教わる論理学は記号論理学と言われるもので、現実への応用は非常に難しいのですが、哲学科で学ぶ論理学は、私たちが日常で使っている言葉を使っているので、実生活に役立ちますよね。

論理パズルは哲学科でやっている論理学に近いかもしれません。その訓練を一度でも受けているかどうかで思考の形態に大きな差が生まれます。つまり普通の言葉なり文章なりがあったときに、それを記号に置き換えて、論理構造を数式で見て、判定する。それができるだけで世の中の見え方がだいぶ違ってくるんです。

世の中、いろいろな詐欺師がいるわけで、数字とか科学の話で騙す人もいるし、感情的に騙す人もいます。ですから、両方の見方、考え方が必要です。振り込め詐欺なんかは人間の心のすきをついてくる。だから、科学的な考え方のできる人でもひっかかるときはひっかかるんですよ。それはぜんぜん科学とは関係ないところの詐欺だから。

エッセンスの理系、ディテールの文系

この章の最後に、ここまで述べてきたことと（一見すると）逆なことを指摘したいと思います。

盟友の茂木健一郎の文芸評論を読んでいてよく気づくのは、「茂木はやっぱり理系センスだなぁ」ということです。本人に言ったら「カオル！ 文系、理系なんて区別、くだらないぞ！」と怒ると思うんですけど（笑）。まあ、世の中には本人は気づかなくても、外から見ているとわかることってありますよね。

なんで茂木が理系センスの文芸評論かというと、ちょうど物理学者がニュートンを理解するような仕方で文学作品を読んでいるように感じるからです。

バリバリ文系の文芸評論家なら誰でも、作家論を書くときには、その作家の全集を隅々まで読み込むのがふつうです。一つでも作品を知らなかった時点でアウト、というような雰囲気がある。実際、文芸の世界では、そういったディテールの方が大切になってきて、門外漢にはチンプンカンプンの論点が熱く議論されたりします。

ところが、物理学者でニュートンの著作を全部読んでいる人なんて、滅多にいない。それどころか、ニュートンの主著でさえ読んだことがない方がふつうなんです。理系センスで重要なのは「エッセンス」なんですね。だから、ニュートンの膨大な仕事を後生の物理学者が抽出して、その後の学問の発展もすべて盛り込んだ「極上のダイジェスト版」が力学の教科書として流通します。ニュートンが力学を打ち立てたときのエッセンスだけが、現在社会のニーズと融合されて世界に広がっているんです。

茂木の文芸評論が斬新なのは、そういった理系センスで文学を読み解くからじゃないでしょうか。よく茂木と僕は凸凹コンビと言われますが、僕はどちらかというと文系センスなんですね。だから、宮澤賢治が好きとなったら、校本全集を手に入れて、何年もかけて最初から最後まで熟読してしまう。一方、茂木は、鋭い切り口でエッセンスをつかんで、どんどんレパートリーの作家を広げていく。

で、ニュートンの主著『プリンキピア』って、実は物凄く分厚くて、物凄く複雑で、一回読んでも何が書いてあるか理解できない代物なんです。

文系センスでは、文章のアウトプットは感情的であいまいで、ゆえに読解の余地が大きく、それをインプットする際にはディテールにこだわらざるをえない。

理系センスでは、文章のアウトプットは論理的で補足が長く、ゆえに読解の余地は少なく、それをインプットする際にはエッセンスだけを抽出して使えばいい。

茂木の文芸評論の評価が分かれるのは、彼が（僕がいうところの）理系センスでエッセンスをとらえる姿が、伝統的な文系センスの文芸評論と大きくちがうからだと思うんです。

第4章 考える力

「からくり」を見抜く

最近、ゆとり教育が見直されて、もっと考える力を身につけさせるべきだと文部科学省や有識者と呼ばれる人たちが騒いでいますが、「いったい考える力ってなんだろう」という素朴な疑問がありませんか。

僕が思うのは、考える力って、結局、からくりを見抜く力のことだと思うんです。世の中のあらゆるものにはからくりがあるんですね。からくりは、社会システムであったり、制度であったり、法律という言い方をしたり、いろんなレベルがあります。

でも、からくりは、ものごとの「裏」にあることが多いわけです。一方、表にでてはっきりしているものは建て前なんです。法律にこう書いてありますといっても、それは建て前だけで、現場でどう運用されているか、誰がどういう目的でつくったのかというからくりが裏にはあるんです。

それを知っているかどうかで、社会において生きやすくなるか、生きにくくなるかの差がでてくると思うんです。今大騒ぎになっている格差社会というのも、あるレベルより上にいるか、下に留め置かれるかみたいな部分があるでしょう。そのラインを越えられるかどうかは、常に社会のからくりを読んで、理解して、うまく活用できるかどうかにかかっています。からくりがわからなくて翻弄され、利用されてしまうような人々が、そのラインを越えられなくて、格差社会を生み出していると僕は思うんです。

もちろん、たとえば身体や精神に障害を持っている人の場合には、最初からハンディキャップがあるので、それは制度として国が救っていくことが必要になります。

でも、身体や精神に障害がなく、家庭的にとくにハンディキャップがなくても、長い人生を送っていくうちに格差の境目に遭遇し、一定基準より上に行くか下に行くかという場面を誰しも経験するんです。

上に行っている人というのは、ほぼ必ずからくりをうまく利用している人たちです。以前、サーファーで不動産王の泉正人さんを、J-WAVEの番組にゲストでお呼びしたんです。そのとき彼が、日本人には「お金の教養」が必要だと言っていて、ちょっとビックリしました。

ふつう教養というと、本を読んだり音楽を聴いたり、語学を習ったり、というようなことを思い浮かべますが、泉さんは、お金にも教養が必要だというんですね。つまりお金の仕組みとか、からくりがわかれば、お金がたくさん入ってくる。ちょうど、一般教養がある人は文化程度が高まるように、お金の教養のある人は貯金が増えるというわけです。

そのときいろんな話がでてきておもしろかったんですが、泉さんは、ご自分の失敗談からはじめて、不動産にどのように投資するかという話まで、かなり具体的なお話をしてくれました。お金の仕組みやからくりは、学校で教わるものではないんですよね。学校ではそんなことは教えてくれない。つまり、学校は世の中のからくりや本音の部分なんて何も教えてくれないんです。

学校で教えてくれるのはあくまで「建て前」の部分。裏にあるからくりをどれだけ自分で習得するかが重要なんです。

考える力＝生きる力

考える力というのはある意味、生存と直結しているなという気がします。ふつう、考えるというと、うちに閉じこもって哲学的な思考に耽《ふけ》るというイメージがありますが、実践的な考える力というのは、そんなものではない。

もともと人間がなぜ考えるかというと、生存本能からきていると思うんです。生き物はみな考えるでしょう。どうして、いろんな生き物が考えて行動するのかと言えば、それは生き残るためなんですよ。それもなるべく有利な条件で生き残るためにやっている。人間も例外じゃない。

どうやって生き残るための技術を知ればいいのかというと、学校では教えてくれないわけで、そうなると知っている人に訊くしかない。不動産王の泉さんの場合には「メンター（Mentor）」がいたそうです。つまり教師、お師匠さん。世の中のからくりをよく知っている人。

世の中にはからくりをよく知っていて、うまく使って成功している人がいます。そういう人と友だちになって話を聞けと。そうすると、その人が持っているノウハウみたいなものは、少しずつこちらに入ってくる。だから結局、達人から盗むしかない。よくからくりを知っている人、よく考える人と一緒にいると、自分も考えるようになってくる。それで試行錯誤を繰り返して、小さな失敗を重ねながら学んでゆくと、徐々に考える力はついてくる。

会社の中で仕事をするときも、いきなり新入社員で入っても何もわかるはずがない。そこでどうするかというと、同じ会社、同じ部署の誰かが持っているノウハウを教えてもらったり、横から見て盗んだり、そして自分で失敗をして、工夫して、学んでいくしかないんですね。仕事もそうだし、お金を投資しようというときもそうだし、ベンチャー企業を立ち上げようなんていうときにも、考える力があれば、うまくいくんです。

失敗経験から学ぶ

からくりがわかる人とわからない人の差は、たとえば表の説明を読んだり聞いたりしたとき、「あれっ」と思うかどうかです。「あれっ」と感じたら必ずからくりがあるはずです。一般に、何かやろうとしたときにいろんな決まり事があって、それを聞いたときに、違和感があったら、その背後には別の理由があるということです。

この違和感は「勘」と言ってもいいけれど、それがないとだめでしょうね。それが感じられないと、そもそもからくりがあることに気づかないから、騙されてしまうんです。

よく悪徳金融業者の詐欺がありますが、規約なり契約内容を見たその瞬間に違和感が生まれるかどうかは、生物的な本能に近いものだと思うんです。どうすればいいのかというのは、わからない。でも、そこに違和感があるかどうかで差がでると思うんです。「あれ、おかしいな」と思うかどうか。

学校にいるときとか、社会にでてまだ間もないときに何を体験し、そのときどう感じるかが大切なんです。ああ、騙されてもうだめだ、と思うんじゃなくて、騙されたから、次から免疫になるぞ、という意識で経験として蓄えていく。それがないとどうしても行き詰まってしまうと思うんです。

学校の教育は解答のあるものだけ。テストでいい点をとっていくだけ。それはある意味、失敗をいかに少なくするか、減らすかという教育です。だから学校の知識だけでは、ぜったいに世の中の裏のからくりは見えてこない。世の中で失敗しながら学んでいかないとだめなんです。

どんどん失敗していかないと、成功経験だけでは前進しない。失敗経験があって初めて人間というのはそれを直すということを考えるから。成功が続いているうちは、人間は考えない。惰性になってしまう。ただ現状を維持していればいいから。うまくいかなくなって、初めて理由を考えるわけです。

理由を考えればいろんな原因がでてくる。それは自分自身の理由かもしれないし、そうじゃないかもしれない。たいていの場合、それは世の中のシステムの問題なんです。からくりの問題なんですね。

戦略を立てる

たとえば受験に失敗したときに、いちばんいけないのは、自分が駄目だから失敗したというふうに考えることです。なんで失敗したんだろうと考えたときに、自分が行っていた塾の教育方針がよくなかったとか、自分が通っていた学校の先生の教え方が悪かったとか、必ず複合要因があるはずです。

そうやって考えると、実は歪《ゆが》んだ受験システムがあるという、最大のからくりが見えてくる。あれ、どうして、こんなことをやってるんだろう。自分が学校へ行って勉強したいと思うんだったら、入れてくれればぜったいがんばるのに、なんで入れてくれないんだろう。そういう大きな疑問を持つことが大事なんです。そうしてみると、大学受験には需要と供給という問題があって、大学の数や入学定員があって、それによって決まっていることがわかってくる。で、少子化になって定員が減ってくると、大学のほうが余ってくる。すると、逆に大学のほうはぜひ来てくれと言うようになる。

でも、試験をなくすことはできないからいちおう試験はする。でも、受験者数が定員より大幅にあふれていてなかなか大学に入れない時代とは違うんです。形式は同じなんですが、からくりはぜんぜん違ってきている。そういうところを見ていけば、自分なりの進路や身の振り方が決まってくるんです。

世の中で生きていく場合、常にからくりが問題になります。だから受験でうまくやっていく人は、単にがり勉をしているだけじゃなくて、そのからくりをちゃんと見ている。そうすると、ここはこういう高校からこういう人がたくさん来ているから、実績があるとか、いろんなデータを分析していくと、自分が入りやすい、進みやすい進路というのが見えてくるはずなんです。

世の中をうまく渡る人は戦略を立てている。戦略を立てるということはからくりを分析するということなんですが、そうすると、成功率は高くなるのです。

猫と夜逃げをした

失敗から学んで、世の中のからくりを知る、と言っても、抽象的な話だけでは説得力がありませんね。そこで、僕自身の失敗談を一つお話ししましょう。

カナダへの大学院留学から戻ってしばらくたったころ、バブル崩壊の余波を受けて父親が自己破産しました。実はそのとき、僕は父親の借金を数千万円かぶってしまい、まさに人生の大失敗を経験したんです。

高度成長期にモーレツ社員としてブイブイいわせていた父は、日頃から「お金は借りたほうが得だ」と言い続けていました。実際、高度成長期に限っては、お金を借りて土地を買えば、どんどん土地が値上がりして、結果的に儲かったのです。それが「高度成長期の経済のからくり」だったわけです。

東大経済学部を出て一部上場の電機会社に勤めていた僕の父は、おそらく世の中のお金のからくりをすべて知っているつもりだったのでしょう。でも、やがてバブル崩壊はやってきました。父はさる地方銀行の変額保険に入っていました。この変額保険のせいで、父は大損をしてしまい、にっちもさっちもいかなくなってしまったのです。

実は、変額保険のせいで自己破産に追い込まれた人は日本全国に何万人といて、後に集団訴訟が起こされ、リスクを十分に説明していなかった銀行側にも責任がある、という判決が出ました。ですから、僕の父が「あれは銀行のせいだった」と言うのも半分は本当だと思います。

問題は誰が悪かったかではなく、父親が経済的に打撃を受けたときの僕の行動です。僕は「なにがなんでも一家を支える」という決意のもと、プログラミングで稼いだお金や著書の印税を父親の借金返済につぎこんでしまったのです。そして、気がついたら、共倒れ直前まで追い詰められてしまいました。

あらかじめ変額保険のからくりを知っていたなら、僕は早々に父親に自己破産してもらって、自分の資金は家族の再起のために温存しておいたにちがいありません。でも、僕はバブル崩壊のさなか、世の中のからくりの変化についていくことができず、銀行の担当者の言うままに自己資金を無駄につぎこんでしまったのです。

もう、これ以上は持ちこたえられない、と気づいたとき、僕は弁護士に相談して、なかば強制的に父親を自己破産させ、同時に、やくざまがいの借金取りが押しかけてくる実家を捨てて、猫ともども、夜逃げを敢行しました（笑）。

いまだに記憶に鮮明に焼きついているのは、差し押さえに来た裁判所の執行官が、やくざのヤミ金と癒着しているとしか思えない発言をしたことです。毎日のように悪い警官がニュースになるご時世ですから、裁判所の執行官がワルでもおかしくありませんが、それまで、「裁判所は公平な裁きをしてくれるところだ」という建て前を信じていた僕は、お金にからんだ腐敗のからくりを身をもって知り、大きな社会勉強をしたのです。

父の自己破産で僕は、いろいろなことを学びました。まず、お金に関しては、たとえ身内であっても「損失を最小限におさえて迅速に処理すべき」こと。それから、裁判所や警察にもワルは巣くっているというからくりも学びました。

あのとき、僕は経済的に大損をしましたが、その後の人生にあのときの教訓は生きています。まさに失敗を通して、それまで見えていなかった世の中のからくりを学んだのです。

からくりと特権

世の中には「親の七光り」のようにコネを持っている人がいます。僕の周囲を見渡しても、会社に入るときに親兄弟のコネで「裏口入社」している人が多い。ひと昔前は、大学入試でも、コネによる点数のかさ上げがあったというし、今でも推薦入試などではコネがあるという噂が絶えません。

残念ながら、世の中、表向きは「公正」を装っていても、裏ではコネ中心で動いていることがあるんです。

では、肉親が関係するコネを持たない人はどうすればいいのでしょう。僕は、コネという名のからくりを理解した上で、なるべく、そういったコネが幅を利かせている組織には近づかないのが一番だと考えています。

高級官僚が天下りしている会社とか、そもそも同族経営の会社とか、コネにもいろいろありますが、そういう組織では、コネを持たない人への公正な扱いはあまり期待できません。ですから、最初から行かなければいいのです。

まあ、国会議員を見ていても、ほとんどの人が何代も続いた政治家の家系だったり、親が億万長者だったりします。学者の世界も親が学者であることが多い。スポーツ選手もまた然り。世の中、「世襲」という名のからくりがはびこっています。

世襲できないけれども、そういった職業に就きたい人は、こう考えたらどうでしょう?

自分は、コネがないけれど、それでも成功できたなら、コネや世襲で同じ職業に就いている連中よりはるかに秀でることができる。だって、自分の実力だけで生きているんだから。それを誇りに思ってください。そして、コネで出世している人を見たら、「あいつの二倍も三倍もがんばって仕事をしてやる」と決意してください。

コネに勝つには、何倍もの努力と実績が必要になります。コネがないからといって、あきらめてはいけません。歴史に名を残すような仕事をした人の多くは、親の七光りではなく、自らの努力で道を切り拓いた人なのです。

親のコネの場合は、からくりを知っても、ほとんどの人はそれを利用することができません。利用できるのは、コネのある人の子供だけですから。でも、からくりを知って、その上で必死にがんばればいいのです。

世の中には、利用できるからくりと利用できないからくりがあります。利用できないからくりについては、くよくよせず、思い切って開き直ることが必要なのです。

環境を変えて自分で考える

決してやってはいけないことは、人まかせにして、誰かのアドバイスのままに動くということです。うまくいけばいいんですが、自分で考えないで、人の意見を聞いて失敗するのはとても悔しいんですよ。学ぶところは何もない。一方、自分で考え、分析して、最終的にどうするか決めて実行したのに、それで失敗した場合は、あきらめもつくし、切り換えも利くんです。

考えるというのは、人に考えてもらうのではだめで、自分で考えることが大切なんです。でも、どうしたら考える力を伸ばせるのかというのは難しい。環境をたくさん変えて、失敗をたくさん重ねるというのが重要だと思います。僕も小学校時代、いろいろ環境が変わりました。日本で生まれ育って、アメリカに行って、日本に帰ってくるといった……。その後の父の破産も勉強になりました。環境が変わるというのは「考えさせられる」という意味で大きいですよね。

人間は生き物だから環境が変わっても、うまく修正して、新しい環境に適応しようとする。でも、いったん適応してしまうと、あまり考えなくなる。そして、また環境ががらりと変わり、いきなり今までの常識、これまでやっていた方法ではうまくいかないという状況になると、必死に考えはじめるんです。どうしてかというと、考えて考えて、からくりを見つけて、自分の行動を修正していかないと、生き残れないから。

環境が変わって適応できない生物は死にます。それで終わりなんです。食べられてしまったり、凍死したり、餓死したり、死ぬしかないんですよ。人間の場合はそこが複雑です。人間には、基本的に社会の駒としての役割があります。人間社会の中で生き残るということは、すなわち経済的に生き残る、社会的なサバイバルなんですね。現状に行き詰まったら、やっぱり自分をとりまく社会状況を変えることが重要です。もちろん自動的に変わることもあります。僕の場合だって、父親の転勤で自分の意思とは関係なしに環境が一八〇度変わってしまったわけです。文化もそうですが、言語が変わるのは最たるものだと思うんです。

でも、受け身で変化を待つのではなく、自分でなるべく新しい環境に飛び込んでいくクセをつけておくと、常に考えるようになるものです。たとえばお稽古事でもいいですよね。「四十の手習い」なんて言いますけど、四〇歳を過ぎたら、いろんなものに挑戦したほうがいいと思うんです。そうしないと、惰性で同じことばかりやるルーチンの生活に陥ってしまう。

スポーツでもいいし、大人のためのピアノでもいい。いきなり四〇歳になってからピアノをひきはじめたら、まず気がつくことは指が動かないということです。普段、ちゃんと指を使って何不自由なく生活しているのに、ピアノの鍵盤を叩いてはじめて、とくに小指と薬指が思うように動かないことに気がついて愕然《がくぜん》とするわけです。

それを動くように練習をはじめるというのは、ぜんぜん違う環境に適応していくことだから、では、どういう練習をすればいいんだろうという話になってくる。そこで初めて考えることになります。楽譜を読もうと思っても、実はきちんと読めていなかったことに気がつけば、文字を読めないのと同じレベルだとわかる。いつも音楽を聴いていると思っていたのに、音の区別ができない。「これは何の音？」って訊かれて、ドレミファソラシのどれかもわからない。それで自分は、これまで、音をちゃんと聴いてなかったことに気づく。

子どもはいつも考えている

いかに自分ができないか、ということに気づくことが重要で、子どもにとっては毎日がこの連続です。最初はできないことだらけだから。

生まれたばかりの赤ちゃんは最初、歩けないですよね。一歳になるころにようやく立ち上がれるようになるけれど、歩きはじめるまでが大変です。最初の一歩が踏み出せればあとは簡単。それから自転車に乗るのも大変。ボールを投げるのも大変。泳ぐのも大変。子どもは全部大変なんです。子どもはできないことだらけで、常に学んでいくから、子どもの頭が活発なのは当たり前なんです。

さっき、からくりということをお話ししましたが、「コツ」と言い換えてもいいでしょう。全てのことにコツがある。コツを身につけられるかどうかで早く習得できるかどうかが決まり、それは自分で見つけるしかない。

野球をやっていて、うまく打てる人とそうでない人がいる。うまく打てる人と打てない人はどこかが違うわけです。

ゴルフで、僕がうまくボールを打てないのを見ていたインストラクターに指摘されたのは、顔が早く前方を向いてしまっていること。飛ばすほうに気をとられて、肝心のインパクトの瞬間に球を見ていない。だから当たらないんだ、と教えてもらいました。それって教えてもらうまで、意外と気づかない。本人は意識できていないんですね。でも、ちょっとコツを教われば、どんどん上達していく。そうすると、意識も変わってくるじゃないですか。それが、広い意味の考えること——からくりとコツを習得すること——だと思うんです。

ルネッサンス人のススメ

環境を変えるのは大変だし、新しい環境に飛び込んでいくのって怖いものです。学校ではクラス替えがあったり、中学から高校へと学校が変わったり、大学へ進学したり新しい職業に就くといったことですかね。とくに職業をどう選択するかというのは人生の大きな変革だと思います。

会社に入ってからは部署が変わるというのはあると思いますが、激変ではない。日本の場合には会社に入ると、定年までずっといることも多いから、なおさら高校・大学を卒業して就職する時期というのは、思い切って環境を変化させる絶好のチャンスなのかもしれません。

アメリカの場合は、若いうちは環境を変えていくのが当たり前です。会社もいくつも替えてステップアップしていくという考え方が主流です。アメリカのようにビジネスマンが会社を替えていくのは、ある意味すごいことだと思う。あれは文化かな。アメリカに小さいころ住んでいてすごく感じたのは、「いろんなことができるのはいいことだ」ということ。日本では器用貧乏という言い方をして、たくさんできる人はダメなんだと思われている。一つのことに特化してそれができる人は偉いんだけれども、いろんなことができる、オールラウンドプレーヤーはあまり評価されない。

環境をどんどん変えていくか、一つのところで落ちついていくのかは、文化の違いが大きいかもしれません。一つのものに特化してやるというのは安定志向だし、こういっては悪いんですが、あまり「考えない文化」なんですね。からくりをそのままにしておいて、今のところでずっとやっていくというのは、生き物でいったら、冒険しない、出張っていかない、自分のところに飛んできた虫を食べるだけで満足しているみたいな、そんな生き方じゃないですか。

ルネッサンス人、境界人、という概念を知るとだいぶ違うんじゃないかと思います。今日本は社会構造が変わってきて、昔みたいに安定した、悪く言えばタコツボ型の社会は崩れてきている。でもまだみんなの精神が追いついていない。

これからの日本社会で目指すべきはルネッサンス人ですよね。いろんなことができる、いろんなことを怖がらずにやってみるという姿勢が考えることにつながる。なぜなら、必死に考えないと適応できないから。

とにかく、新しい習いごとをしてみるのはとてもいいと思います。パソコン教室に通うのもいいし、旅行でもいい。日本人が旅行好きなのは、まったく違う文化圏に行くと、何でも新鮮で驚きがあるからでしょう。この体験が普段の生活の中にもっともっと必要なんです。子どものときは毎日が新鮮な驚きだったはずです。それが年をとるにつれ新鮮な喜びがなくなり、人間、考えなくなってしまうんですね。

職人芸かルネッサンス人か

ボクシングの亀田興毅選手や卓球の福原愛選手、フィギュアスケートの羽生結弦選手のように、一つのことに特化している人もいますよね。スポーツや音楽における英才教育はプロになるためには必要不可欠ですが、さっき僕が言ったルネッサンス人の類型とはまったく逆のパターンです。イチロー、福原愛、羽生結弦といった人々はまさに職人芸なんです。ルネッサンス人と職人芸は相反する概念です。

人間の人格形成という面からいうと、一つのものに特化してしまうと、もし完全に傑出することができれば、プロになってうまくいきますが、同じような教育を受けてもプロになれない人は大勢いるはずです。

そういう人たちはつぶしが利かなくなります。いろんなことを経験しないいまま、環境を変えることもなく一つのことばかりに集中しているので、幅広くものを考える力が養われないんです。臨機応変に行動できないから、自分が特化するためにやってきたことでうまくいかなかったときに、他で食っていくこと（生活していくこと）は厳しくなる。

子どものころからの英才教育がうまくいって、将来何億円も稼げるようになればいいですよ。でもそういった人が何人いるかといったら、ほんの一握りです。よほど早くから自分の子どもの才能を見抜き、プロの人から見て「これはすごい」というものがなければ厳しい。

音楽なんかも、楽器によっては英才教育をしないと一線級のプロにはなれないので、親は子どもが小さいうちが決断のしどころです。どちらにするのか。特化した英才教育に賭けるのか、バランスのとれたルネッサンス人型にして、本人が自分の道を選ぶのを待つのか。

子どもが自分で人生を決められるようになるのは、高校生になってからです（芸術系とか運動系は英才教育でないとうまくいかないものもあるので、早くから才能を見極めることが大事になりますが）。

挫折もプラスに転じる

とはいえ、みんなどこかで失敗している。僕も高校受験では、四つ受けて二つ落ちているわけだし、それは僕にとってかなりの失敗なわけですよ。ただ、四つとも落ちていたらどうなっていたんだろうって考えることがあります。そうなると、話は変わってくるわけですよ。

実は、茂木健一郎も僕も東大の物理学科の大学院の入試に失敗しているんです。でも今思い返してみると、同期の物理学科で卒業した六〇人くらいの学生のうち、もちろんみんないろんなところで活躍しているし、大学で研究している人もいるけれど、広く社会的な方面で活躍しているのは、僕と茂木の二人。それだけ大勢いた中で二人だけが目立つ仕事をしていて、その二人が入試に落ちている。これってすごくおもしろいなと思うことがあります。

あのときすんなり受かっていれば、標準的な学者になれたかもしれない。でも、人っていろんな挫折があるんですよね。その挫折ってすごく大きい。普通、大学院の試験に落ちたと言えば、上に行く道を閉ざされたということになり、ある意味キャリアの終わりになるんですよ。物理を勉強してきて、大学院へ行けませんというのはキャリア的な危機なんです。普通に考えたら、その後の人生に大きく影響すると思うんです。

危機に直面したときどうするか

でも茂木はその後、驚くべきことに、法学部へ学士入学したんです。もし落ちてなかったら法学部へ行くことはなかったでしょう。われわれは素粒子物理学の研究科を受けたんですが、当時は素粒子は人気が高く、すごい難関で、倍率が何十倍にもなったんです。東大だけじゃなくて、全国から集まってくるわけですから。今考えれば、それこそ一点差で何十人もがひしめいていた状況だったんですね。

そのとき、僕には冷静な戦略がなかった。きちんと戦略を立てていれば、三人しかとらないのに全国からここに五〇人も集まってきて競争してどうするんだという話になる。でも素粒子がおもしろくて、冷静に戦略を立てていないから「からくり」が見えてない。

失敗して初めて自らの戦略のなさに気づくんです。そこでどうしたかというと、茂木は法学部へ行って、それはプラスに働いている。「文系もわかる脳科学者」という彼に対する世間の評価は、大学院の入試に落ちなければなかったわけですから。小林秀雄賞だってとってなかったでしょう。特化しかかっていたはずなのに、うまくいかなかったから、思い切って路線を切り換えて、別なことをやって、ある意味ルネッサンス人的な花の開き方をしているわけですよ。

僕はそのときは、もう日本ではだめだと思って、カナダへ留学したんですね。どんな人でも、自分がまっすぐ目指していた道にすんなり進んでいくことはない。たいていの人には多かれ少なかれ、危機的な状況ってあると思うんですよ。それも本当に、自分がやっているキャリアそのものが終わってしまう場面が。そのときにどうするかってことですよね。

僕の同期にも、大学院受験に失敗した人たちが何人もいたんです。その人たちの大部分は留年して試験を受け直したんです。どっちがいいかという判断を下すことはできないけれど、受験に落ちて別の道に行くという僕と茂木がとった判断は間違っていなかったように思います。

無理して頭のつかえているところへ行くんじゃなくて、氷の割れているところから顔を出そうと環境を変えたわけです。環境を変えると、精神的なものも変わってくるし、その後、迂回して別のキャリアへもつながっていく。それでいいんじゃないですか。要するにボトルネックを作っているのは僕たちじゃなくて、硬直した社会システムの問題なので、そこに大勢集まって嘆いてみても意味がない。そこからいったいどうやって抜け出るかということになるんです。

打たれ強い人間というのはいろんなところで引っかかって、どうしよう、どうしようと生き残り策を考えるわけです。生き残り策をどう考えるかというのはすごく重要なことなんです。勉強もしないでエスカレータ式に上に行っちゃうと、後々の人生で厳しくなるはずです。

ウィトゲンシュタインの思い出

茂木といえば小林秀雄やウィトゲンシュタインの評論で有名ですが、大学時代、彼が哲学を語るのを聞いた憶えがありません。いや、ニーチェだけは熱く語っていましたっけ。おそらく高校あたりでニーチェにのめり込む青春があったんでしょう（笑）。

僕は科学史・科学哲学出身だったので、授業でウィトゲンシュタインをかなり突っ込んで講読しました。大森荘蔵先生の退官の年にあたったので、先生の思い出の訳書である『青色本』を半年かけて読解したんですね。

衝撃でした。その一年前にフランス語の授業でサルトルを読んでいないことを恥じて、実存主義の洗礼を受けたばかりでしたが、今度はウィトゲンシュタインの哲学が脳髄にガツーンと来た。ウィトゲンシュタインは初期と後期で思想が一八〇度変わります。人間が感じている世界のおおもとに「言語」があり、論理的な数学言語で世界を分析すれば、それで哲学は終わり。そんな前期の思想から「語りえぬものについては、沈黙しなくてはならない」という有名な警句が生まれました。

ウィトゲンシュタインの後期の思想は、一言でまとめられるようなものではありませんが、厳密な論理言語を捨て、ひたすら日常言語で哲学を押し進めます。僕が大森スクールで読んだ『青色本』は、ちょうど過渡期にあったウィトゲンシュタインの授業をまとめたものです。口コミでコピーが広がったときに、たまたま表紙が青かったから『青色本』というんですね。

茂木と物理学科に通っていたとき、しょっちゅう授業をサボって、酒を呑みに行ってましたが、そんなときに僕はウィトゲンシュタインの話ばかりしていました。当時、茂木は物理の素粒子論に興味が集中していたようで、そんなもん読んで何になる、といった風でしたが、その後、数学科出身で哲学に進んだS君もウィトゲンシュタインの話ばかりするので、どこかの時点で茂木も読み始めたんでしょう。そして、茂木はそれ以来、ウィトゲンシュタインの伝道師になってしまったんです(笑)。

茂木と僕とは、若い頃からお互いに相手が持っていない「文化」を交流させ、共有してきたところがあります。でも、最近、茂木のほうが世間への露出度が高いせいか、いろんな人から「竹内さんは小林秀雄やウィトゲンシュタインがお好きなようですが、茂木さんの影響ですか」と訊かれるので、少々うんざりしています。あらゆるものが茂木から僕にインプットされた、と思っている人が多いんですね。そんな「一方通行」みたいな友人関係なんてありませんよ。師弟関係じゃないんだから。頭に来たので、「そうなんです。実は英語も茂木から教わったんですよ。僕は英語が全然できないもので」と皮肉で返したら、「そうですか、茂木さんは英語もペラペラですもんねぇ。いい先生をもって幸せですね」と言われました（笑）。

それはさておき、ウィトゲンシュタインは、今でも僕の中では大きな哲学者であり続けています。もし、この本の読者がウィトゲンシュタインを読んでみたいと思ったなら、個人的に黒崎宏先生の一連の解説書をオススメします。きっと世界の見え方が変わるにちがいありません。

少年の心、科学する心

この前、日立製作所の技術者の方と対談したんですが、その方は僕とほぼ同年代だったんです。昔、何がすごかったかという話題になって、二人とも子どものころ『模型とラジオ』という雑誌に夢中になっていたことがわかりました。当時は子ども向けの科学雑誌が売れたんですね。もう一つが『子供の科学』。『模型とラジオ』は『子供の科学』のことを「子科」って言っていたんですよ。『模型とラジオ』は「模ラ」と呼んでたんですね。

それを買うのが毎月楽しみだった。それと学研の『科学』と『学習』。とくに『科学』は面白い付録がついてくるじゃないですか。これを買いそびれたときは大変ですよ。おばさんが自転車で学校に売りに来るんだけど、子どもたちは事前に知らない。あわててお金を持って校庭に行く。それが買えるかどうかというので、大騒ぎ。というか、その日は勉強そっちのけだった気がするんです。

そして、本を買ってはものを作るんです。たとえば飛行機や戦車の模型とかなんでも作るんですよ。もちろん部品がセットになっているわけじゃないんです。『科学』と『学習』はちゃんとセットになっていたけど、あれは親切なんです。『模型とラジオ』はキットはついてなくて、作り方が書いてあるだけなんです。こういう材料を買いなさい、モーターも買いなさい、って書いてあるんだけど、どこに行けばいいのかわからない。何もわからないところから調達をはじめるわけです。それってある意味、素朴な創造性を教育してくれたんだなという気がします。

最近工作ものの本を出しても、部品をどこで調達したらいいのか尋ねてくるのはお母さん。どこへ行けば部品が買えますかって。本と部品をパッケージしないと売れないんですね。とにかく買ったらすぐ作れるようにしておかないといけない。

「どこへ行けば手に入るんだろう」と考えることが、重要なんです。それで自分で部品を調達する。バルサ材という模型用の板を買ってきて、設計図どおりに切って自分で体験することが重要なんです。

そこに意外と知らないノウハウがあったりするし、設計図にないような工夫をしてみたりする。プラモデルもそれはそれでおもしろいんですが、全てがパッケージされていて、ふたを開ければすぐ作れるようになっている。何も用意されていないプラモデル以前の世界って重要だと思うんですよ。手作りができる時代は、科学が楽しかった時代、教育が楽しかった時代ですよね。

当時観ていたテレビ番組も、『鉄腕アトム』『未来からきた少年スーパージェッター』『レインボー戦隊ロビン』といった科学的な色彩の強いアニメでした。いきなりテレビがカラーになったことを体験しているし。自分で『模型とラジオ』を買ってきては作ってみる。そういう世界って今だって体験できるはずです。

科学は感動だし、考えたり、発見することって全て感動なんですよ。あるものができたとき、その原理が理解できたとき、それが大きいですよね。感動がなくなったら考えなくなるから怖い。

環境を変えろと先ほどから繰り返していますが、環境が変わって、そこでいったん考えをめぐらして、そうしてうまくいったときの感動って大きいですよ。「あ、ようやくうまくいった」って。

環境を変えないことのいちばんいけない点は、感動がなくなることじゃないかな。ルーチンワークのいちばんいけないところは、もはやその仕事に感動できなくなること。だから、常に変化を求めていかないといけないと思うんです。

対談1

危うさに対する感受性の欠如

みんな崖っぷち

竹内　今日の対談のテーマは、いちおう「境界人」ということです。言葉として定着しているものではないんですが、イメージ的に近いのは「ルネッサンス人」でしょうか。これはルネッサンス期の人々の一種理想形態みたいなもので、なんでもいろんなことを幅広くやる、つまり芸術にも科学にも文学にも精通している人、みたいなイメージです。

そう考えてみると、僕もそうですが、茂木健一郎はやはり文学から芸術、科学までいろんなことをやるわけですよ。職業的にもコンピュータサイエンス研究所の研究者という肩書もあれば、文学者という肩書もあると思うんですね。そういういろんなものが、いったいどうやって融合するのかということから入っていきたいと思います。

茂木　竹内とは大学時代からの親友というか盟友です。

実を言うと、若者で「俺は境界人だ」とか自称するやつって、僕はあんまり信用できないんです。というのは、「境界人」っていうのは行為において示されるものなんじゃないかと思うわけ。その意味で、僕も竹内も別に境界人になろうっていう意識はないんだけど、自分の内なる声に従って動いてたら、いつの間にか世間から境界人だと言われるようになってきた、ということだと思うんだ。

竹内　うん、たぶんそう（笑）。

茂木　だからルネッサンスの「万能人」とか言われる人たちも、決して自分たちが万能になろうと思ってやってきたわけじゃなくて、自分のやりたいことをなんとなくやってたらそうなっちゃったんだろうと思う。この、「そうなっちゃった」っていうところが、なんかいい感じなんだなあ、恋愛小説みたいで（笑）。

竹内　僕のイメージだと、境界人っていうのはちょっと言い換えると「崖っぷち」なんです。いわゆるメインストリーム（主流派、正統派）の動きからずれていって、こちらが自分でずれようとしてずれるわけじゃないんだけど、気がつくと「普通じゃない」といろんな人から見られている、というような。

とにかく世間に流されずに自分のやりたいことをずーっとやっていくと、基本的に崖っぷちで踏ん張っている状態になるんじゃないか。あとがないと、人間って意外と強くなるんです。そんな要素はあるという気がします。

茂木　話をそらすようなんだけど、このところ風邪ぎみなんで、サボって、風呂の中で新聞読んだり、吉田秀和の『音楽展望』読んだりしてたんだよ。僕は風呂に入るとき活字がないとダメなんでね。で、たまたま小林秀雄（一九〇二年〜一九八三年　文芸評論家）の『考えるヒント』があったんで、その福澤諭吉のところを読んでみたの。もう何遍も読んでるんだけど、何度でも同じものを読んで感動できるっていうのは、僕の学生時代からの得意ワザだからね。

そしたら、福澤諭吉（一八三五年〜一九〇一年　蘭学者、啓蒙思想家。慶應義塾創設者）が『文明論之概略』の中で、日本人は世界から見ると「境界人」のようなものだという意味のことを言ってるんだ。つまり、日本でメインストリームのような顔をしてる人も、ヨーロッパとかアメリカだと境界人なんだと。カントとかデカルトとかを引用しながら、自分たちも一人前になったような振りをして、とりあえず学会の端に入れてもらって、ノーベル賞とか御褒美をもらって喜んでるだけなんじゃないかと。

そういう状態を福澤諭吉は非常に鋭く捉えていたということを小林秀雄は書いていて、要するにヨーロッパには、古代ギリシャ以来の知の伝統の積み重ねがずうっとあって、現在の学問があるわけですよね。ところが、日本って明治維新で急に西洋の学問を輸入して、ゼロからいきなり知の全てを捏造《ねつぞう》しなくちゃいけないっていう状態に陥ったわけです。

普通われわれは、それをネガティブなものと思ってるし、輸入学問のことも批判している。けれど、逆にそれ以上のチャンスはないと福澤諭吉は考えていたというんだね。つまり、過去の伝統の重みにとらわれずに、ゼロから近代的な知の体系を築き上げられるという、ヨーロッパの知識人にはないようなチャンスをわれわれは手にしていると。

竹内　確かにチャンスだね。

茂木　日本国内の境界人は、ある種日本のエスタブリッシュメント（権威）からは距離を置いて世の中を見てるんじゃないだろうか。竹内も僕も。でも、見方を変えると、それって世界の中で日本人が置かれてる立場なんだよ。そんな日本人の置かれた立場、つまり境界人ということに、ある種の可能性を見出す視点という意味では、福澤諭吉ってすごい、明るい人だと思うんだよね。

自分がエスタブリッシュメントだなんて思っているうちはダメで、境界人だっていう認識からスタートしなきゃダメなんじゃないか。実は境界人の立場にいる日本人のほうが、本格的に世界の中でカミングアウトして活動しようとしたときには、本質的な何かを含んでいるってことになるんじゃないか。僕は福澤諭吉みたいなすごい楽天主義、自分たちが境界人だっていう認識から、それこそがチャンスだみたいな、ちょっと開き直った態度になったほうがいいんじゃないかと思いますね。

感受性の欠如

竹内　僕が声を大にして言っているのは「日本にはエネルギーがないんだよ」ということなんですが、反応はいまひとつです。

今ここに集まっている皆さんの中でも、今エネルギー問題は大変だぞっていう認識を持ってる人ってあまりいないんじゃないでしょうか。かつて「石油ショック（一九七〇年代の原油の供給不足と価格高騰による経済混乱）」なんていうのがありましたが、あれからだいぶ時間が経ってしまって、今現在日本でエネルギー危機を認識している人はあまりいないと思うんですね。

ところが、エネルギーの争奪戦が世界的に激化して、日本の周辺でも、サハリンの天然ガスをはじめとする地下資源をめぐる、日、中、露間の争奪戦があって、事態は必ずしも日本にとって有利には進んでいないのです。こうしたエネルギー争奪戦のいちばん大きな理由は、もちろん中国とかインドというかつての開発途上国が産業的に発展してきて、エネルギーを必要としてきたっていう状況の存在です。じゃあ、このままにしておいていいのかというと、このままではエネルギーがなくなってしまう。エネルギーがなくなるとどうなるかっていうと、もう想像もつかない。

茂木　うーん、あまり考えたくないねえ。

竹内　たまたま数年前にニューヨークで、アメリカ東部一帯のブラックアウト（ニューヨーク大停電。二〇〇三年八月一四日、アメリカ合衆国北東部と中西部で起こった大停電）に遭遇したんですね。そのとき実感したのが、近代的な都市の仕組みって、エネルギーがたった一日なくなるようなトラブルで、いっきに崩れちゃうという恐怖。

たとえばホテルまでたどりついても、コンピュータがダウンしてるからチェックインもできない。あるいは自分の部屋もオートロックになっていて、鍵も開かない。しかたがないから、みんなロビーで雑魚寝してる。夜になると、あっという間に治安が悪化して、悲鳴や叫び声、パトカーのサイレンがマンハッタンの中心部にこだまするんです。

そんな体験を思い出しながら、今日本が持ってるエネルギーがなくなってきたらどうなるかと想像するんです。たぶんすぐに経済破綻につながるでしょう。へたをすれば戦乱になるかもしれない。という状況は、やっぱり一種の崖っぷちですよ。でも、その意識を持って生きてる日本人って意外と少ない気がしてて、そういうことを僕はいろんなところで訴えてるけれど、なかなかわかってもらえない。

茂木　NHKの『ドキュメント72時間』（NHK総合テレビで二〇〇六年から放映されているドキュメンタリー番組）で「大阪・心斎橋のホームランキング」っていう

のを観たんです。「ホームラン王」って、大阪の心斎橋の近くのバッティングセンターに通ってホームランばっかり打ってるおじいさんのことなんです。いつも自転車で来てホームラン打って、ビール飲んで帰っていくだけなんだけど、そのバッティングセンターでは彼を知らない人はいないというほどの有名人。ホームランといっても、別に距離を飛ばすわけじゃなくて、的に当てるだけなんだけど、命中率だけから言えばイチロー並みだという……。

竹内　それはすごいね。

茂木　そしたら最後のほうでおじいさんがポツリと言うんだよ。「いやあ、あのバッティングセンターは経営不振で閉鎖されちゃうらしいんですよ」って。実はそのおじいさん、バッティングセンターがなくなることを知ってるわけ。そのときすごくせつない気がして、バッティングセンターっていうインフラがあったからこそ、おじいさんはホームラン王だったわけでしょ。でもバッティングセンターがなくなった瞬間、その人の栄誉の全てはなくなるっていうか……、わかるでしょ？

それを観たときに、実は世の中全部そうじゃん！　って思ったんだよ。この地球だって小惑星が一個ぶつかれば終わりだし、われわれがいかに脆《もろ》いファウンデーションの上に生きてるかっていうことを、『ドキュメント72時間』のホームラン王を観て悟ったね。

要するに問題なのはその感受性なんだよ。「ホームラン王」にとってのバッティングセンターは一つのたとえで、今われわれ全てが持たなきゃならないのに欠けてる感性はまさにそれなんだ。自分自身の立っているファウンデーションの危うさに対する感受性ってやつです。困ったことに、自分たちが「保守」とか「中立」とか思ってる人たちに限って、その感性が乏しいようなんだ。「保守主義の本質は自分たちの脆弱《ぜいじゃく》性を知ることである」というのがイギリス流の保守主義の本質だとすると、やっぱりそれは日本にはまったく根付いてないという、福澤諭吉以来の繰り返しが今も続いている。とにかく日本の保守主義者は自分たちの危うさを自覚しなさすぎ。だから、危うくてしかたがないんだよ。

付け加えると、自分たちの足元の危うさに対する感受性が欠如してるってことは、たとえば本居宣長（一七三〇年〜一八〇一年　国学者・医師）の言う「もののあはれ」なんかに対する感受性も、マヒしてるんじゃないかと思うんだよね。

そういうことを前提に考えてみると、そもそも「境界人」とか「中心人」とか無理に分けて固定するのは無意味なんじゃない？

竹内　うーむ、最近茂木は、なんでも無意味って言うねぇ……。

茂木　僕は境界人とか中心人とかがいるっていうテーゼそのものが、いわゆる境界人にとっても、自分たちが中心人だと信じて疑わない人たちにとってもよくないんじゃないかと思うわけ。つまり、どんな人間の生の中にも、さっき竹内が言ったような意味で崖っぷち的というか境界人的なところがあると思うんだよね。それを固定しちゃうのはどうかな？　それに、竹内自身自分で気づいてるかどうか知らないけど、もう充分に中心人なんじゃないかと思うんだよ。

竹内　中心人か……。いまだにマンションの家賃、二年分前払いしないと入居させてくれないんだけどなぁ（笑）。

大切なものはもの言わぬ

茂木　久高島《くだかじま》って知ってます？　沖縄の南西にある小さな島なんだけど。「神の島」ということで有名なんです。「クボー御嶽《うたき》」とかいろんな御嶽（聖域）があったり、「イザイホー」という奇妙な祭事とか、いろんな祭祀《さいし》がある島だってことは、わりと世間でも知られているんです。

この島へ行ったとき、海岸へ行くとなんか意味ありげに白い石が置いてあるの。たとえば西の浜へ行くと、一見普通の浜の景色なんだけど、よく見ると意味ありげにいろんなところに白い石が置いてある。内藤礼って芸術家《アーティスト》がいていろんな小さなものを地面に置いて芸術作品を創るんだけど、その内藤礼の作品みたい。で、これはぜったいに何か意味があるぞって思えてくるんだよ。

結局、その島に住んでる人たちは、島外の人たちからはまったく気づかれないように、海岸にこっそりと石を置く習慣があるらしい。石を置く行為にもおそらくなんの説明もないんですよ。ほんとにさりげなく置いていく。何も知らない人が見れば、ただ単に石がたまたまそこにあるだけだろうと思うようなものなんだけど、実はそこには、島の人たちにしかわからないような、祭祀、信仰というか精神的な意味があるらしいんです。

真偽のほどはさだかではないけれども、何も知らない観光客が白い石がきれいだからと持って帰っちゃうと、家に帰って何かひどい目に遭って、結局石を島へ返しにくるって。よくそんなことがあるけど、石を持ち去るなんてとんでもないことだっていう、久高島の売店のおばさんの話がインターネット上に載ってます。本当かどうかは知りません。けど、少なくとも島の人たちはそう思っている。そう思わせるだけの精神的な意味が、その石を置く行為にはこめられているんだね。

ほんとの境界人って、そういうこっそり石を置く人たちなんじゃないかなって気がするんですよ。そこに隠された意味をこめてね。竹内みたいに、もう「コマネチ大学数学科」でてる人って……。

竹内　（笑）

茂木　要するにほんとに大切なものって、そういうふうにもの言わぬものとしてまだまだ隠されてる気がして。久高島に行ったときにいちばん感じたのは、久高島について語られてきた過去全ての言葉っていうのはまったくこの島の本質的な部分に届いてないっていう、厳然たる事実なんです。たとえばこの島で行われている祭祀の美しさに。ひょっとしたら、それだけ日本語っていうものが貧弱なのかもしれないと思った。

それは伊勢神宮へ行ったときも思ったことなんだけど、少なくとも今の日本のメディアで、伊勢神宮について語られてきたどんな言葉も、伊勢神宮のある本質に迫ってないんですよ。毎年正月になると首相が参拝する名所だ、中心だとは言うけど、その本質は実は隅っこへ追いやられてるんだ。とくに日本の今の地上波テレビみたいな、すごく貧弱な言語空間が、ノイジーな形でタレントたちによって撒き散らかされてるメディアでは、もはや久高島とか伊勢神宮の本質を表現する言葉はない。もし民放のクルーが久高島に行っても、「ああ、なんかレンタサイクルができるんですって？」ぐらいのことしか言えなくて、浜辺に置かれてる石にこめられた祈りを語る言葉はもうないんだと思う。

それぐらい今の日本のメディアの中心にある言葉は貧弱になって、大切な本質は周辺に追いやられてしまってる。僕が、竹内はもう中心人だってことを自覚しろ、自分の中の脆弱さに気づけとしつこく言ってるのは、つまりそういうことなんだ。

竹内　学生のときにもやっぱりこういうふうな議論を交わしたね。そのときによく言ってたのは、内側にあるものと外側にあるものとが逆転しちゃうってことだったね。

たとえばある国で革命が起きると、それまで政治的に「犯罪者」として扱われて周辺つまり獄中とかにいた連中が、中心つまり政府の中に入ったりするわけです。それで状況がするっと変わっちゃう。中心と周辺、内と外とが逆転するわけです。

それと絡めて、人間の好き嫌いでも、無関心がいちばんいけないみたいな話を、したよな？　たとえば男性と女性が好きになったりするじゃない。最初は嫌われているんだけど、アタックしているうちにはっと変わることがあるっていうんだね。つまり嫌われてるっていうのは関心があるからで、関心があると、それはある時いきなり逆転するっていう話がある。

茂木　いや、それ気をつけて言わないと、ストーカーの勧めと間違われるぞ。

（会場爆笑）

でも、そういうことはありますよ。実際として。

竹内　たとえば政治にすごい関心があって、政治活動で闘ってたりすると、意外とふっと非政治的になったりもするっていうような話もあります。境界、境界って言ってるんだけど、確かに中心と外っていうのは、どちらから見るかっていう視点の問題にすぎないんですよ。

これ非常に有名な話なんだけど、ここに円を描いて、この円の中にいるか外にいるかみたいな話。それで地球の上って丸いわけだから……。

茂木　さすがコマネチ大の数学科出身。

竹内　そうそう、大きな丸を描いてしまうと、その内側っていうのは、内なのか外なのか、どっちなのって話になるわけですよ。ある意味両方とも内側なわけだから、学生のころからこういう話をずうっとしてるんでね、こんな感じで。

茂木　そうだよね。いつもやってたね。

捏造は創造性の源

竹内　茂木健一郎は宗教はない？　ないでしょ。ないという言い方はおかしいけど、既成の宗教の信者ではない？

茂木　はい。

竹内　僕はいちおうカトリック信者なんですね。カトリックの信者といっても、うちの母親がカトリックだったから、生まれたときに幼児洗礼を受けさせられ、生まれたときからカトリックになったっていうことなんですよ。だから自分で入ったっていうことじゃないので、そうなってくると、多少信仰心っていうのも変わってくるんですが。

そしたら、うちの妻は自分はアニミズムだっていうようなことを言うんです。アニミズムっていうのは、さっきの久高島の石にたぶん近くて、いろんなもの、自然の全てに魂が宿ってる、そんな感じをいつも自分で感覚として持ってるっていうんです。

僕は、いや、カトリックでも神というものは遍在する。遍在というのは遍《あまね》くあるっていうことで、どこにでもいると。だからカトリックの神も宇宙全体に満ちてるみたいな感じなので、それも結局アニミズムと同じだろって反論したら、妻は、でもその神は一つだろうと。全体に広がってるけども、最終的には一つじゃないのって言うんです。でも、アニミズムの場合はそうじゃないと。この石にはこの石の魂があって、この石とこの人間はつながっているとか、神は一つではなくたくさんの神がいるんじゃないかみたいなことを話したことがあるんです。

そういうことを考えていたら、ヨーロッパというのはキリスト教の世界観がものすごく強いですよね。そこで科学が発達してくると、なんでも最終的には一つの原理に統一しようっていう発想がでてくるような気がするんですよ。

それってやっぱり神が一つだから統一していくような、そんな発想がある気がして。日本はやはりいろんな宗教があるから、なんとなくいろんな神様がいるっていうイメージが強いと思うんですよ。そうするとあんまり統一しようとせずに、ここでまずうまくやりましょう、これもうまくやりましょうっていうふうにやっていく。だから、どちらかというとサイエンスよりエンジニアリングがすごく発達するような、そんな土壌があるのかなと思ったんですよ。

そこらへんどうですか。統一的じゃない世界観を持ってるはずの茂木としては。

茂木　境界人っていう今日のテーマで言えば、全ての宗教ってやっぱり中心でありながら境界である脆弱性を持ち続けているものじゃないかと。そうでないと僕は優れた宗教（信者）とは言えないんだろうなと思いますけどね。

これは何回か書いたりもしてるんですけど、仏教なんかはやっぱり仏陀自身が脆弱な人だったっていうか、釈迦の「無記」っていうことは非常に大事なことで、キリスト教をはじめとする、普通の宗教だったら答えを出してしまうような、死後の世界とか、死んだらどこへ行くのかとか、という問いかけについて、一切応えないっていうのがほんとは釈迦の立場だったわけです。だから、ある意味では非常に不可知論者に近いですね、釈迦というのは。

だから、われわれの知るとか信じるっていうことの脆弱性を徹底的に理解したのが釈迦で、けれどもその後の弟子たちがどういうふうに語ったかっていうのはまた別問題なんだと思うんです。

あとキリスト教にしても、イエス・キリストっていう人は、僕は父親探しをした人の典型だと思います。それは不安になるよね。自分の父親が誰だかわからないんだから。最後に自分の父は天の神だったっていう捏造をした人だと僕は理解していて、だから捏造っていうのは悪い意味じゃなくて、全ての創造性の源泉は僕は捏造だと思ってるんです。

そういう意味で言うと、父親のわからない子を妊《みごも》ったことを知らされるという、ダ・ヴィンチの『受胎告知』っていうのは、人間の極めて根源的な不安を表してるわけなんです。

また、なぜ人がポルノグラフィーにあんなに強く反応するのかというと、それがなんかエロティックなものであるということ以上に、そこに自分の起源を見ちゃうから不安でしょうがないんだと思うんです。そんなところから俺は来たのかってね。そんなところからって言うけど立派なものですけど。だから、なんていうか僕は、全ての宗教も本質は脆弱性にあると思うんです。

あと、イスラムの聖なる場所、たとえばモハメッドが悟りを開いたという岩のドーム（エルサレムにあるイスラム教の第三の聖地。聖なる岩を祭っている）へも行ったんです。あ、イスラムの場合「悟り」って言っちゃいけないんですよね。「啓示」を受けた場所です。そこは偶像崇拝禁止なんで、岩しかないんです。要するにドームで囲ってあるだけなんだけど、本質は岩で、そこに感じられたのは、徹底的に見るっていうことを拒否する姿勢だと思いました。

イスラム教っていろいろ誤解されたりするんですが、僕は、イスラム教が持つ「見る」っていうことで騙されてしまうのを拒否する姿勢っていうのは、ある種見習うべきというか、よく考えてみるべきだと思うんです。

イギリスでドライブしながらBBCのラジオを聴いてたら、イギリスの女性が「イスラムに行くと女性はベールを着けさせられてひどいと思ってたんだけど、実際に着けてみたら案外よかった」と言うんです。それでその女性はイスラム教に改宗しちゃったんだけど、要するに「私はイギリスに生まれて以来ずーっと女性として外見で判断されてきた」と。その人はたまたまかわいい人だったのかもしれないけど、「ベールで顔を隠すことで初めて、見た目ではなく内面の見えない価値で自分を判断されることを経験した」と言うんだね。そういう判断の仕方を、理念として、少なくとも建て前上っていうか、理想としてはだいじにしているのがイスラム社会で、西洋の価値観から見ると非常に新鮮に見えるってことを、彼女は言ってたね。

そんなイスラムもやっぱり「見る」っていうことの、人間の足をすくわれやすい一つの脆弱性をちゃんとわかってる宗教ですよね。だから歴史上生き残ってきた宗教って、竹内が言ったように、必ずしも一つの解釈には帰着できないような脆弱性をちゃんと保ってるんじゃないかな、という気がするね。

見ることの意味

竹内　科学っていうと宗教と対立した概念として捉える人も多いんですが、必ずしも対立はしてないと思うんです。でも一つだけ違う点があるとすれば、確かに「見る」っていう行為があるなと思ってて。宗教っていうのは、なるべく見ないようにして、逆に心の目で見るみたいなところがありますが、科学っていうのはどちらかというと、もっと見る、見る、見る、っていう方向に進んでいくわけ。

茂木　そうだね。

竹内　だから、顕微鏡を作りました、望遠鏡を作りました、これが見えました、微生物が見えました、ということになる。実は最近、分子の動きが見えるようになりましたっていうレベルにまできているんですよ。

茂木　ナノチューブのこと？

竹内　そう。ナノチューブの中に分子を閉じ込めて、その分子が動いてる様子を世界で初めて見ましたっていうのが、実はすごい大ニュースなんですよ。どうしてかっていうと、今まで誰も見たことがない、人類が見たことがないものを今回初めて見ましたっていうのは、科学が広がっていく基本なんですよ。だから科学っていうのは基本的に、これまで見えてなかったものを見るんですよ。

茂木　そうだね。

竹内　ところが宗教っていうのは、それとある意味逆で、目で見てしまうことはエッセンスじゃない、本物じゃないという考え方があります。偶像崇拝がいけないっていうのは、たぶんそういうところに関係してると思うんですね。目に影響されて本質を見誤るという。しかし、科学は見るんですよ。

生きるって脆弱なもの

茂木　最近生命哲学に回帰してるんです。ニーチェを高校のときずっと読んで、て、またニーチェに戻ってるんだけど、読んで思うことを簡単に言うと、「恐怖」みたいな感情も含めて、境界人のほうが生きてる感じがするわけ、ほんとの意味で。僕はやっぱり地位とかに守られて生きてる人ってあんまり生きてる感じはしないんだな、正直言って。

つまりなんかもともと生きてるっていうことはそれ自体が脆弱な感じがするん

ですよ。で、なんか創作するクリエイターだって、本当のクリエイターだったら、どんなに地位があって名誉ができても、富、カネもできて、放っとけば楽に生きられるような場合でも、敢えて自分を境界に追い込んでいくようじゃなきゃ駄目なんじゃないかという気がする。そうじゃないと、そもそもクリエイトなんてできないんじゃないかって感じるんですけど。

だから、世俗的な成功ってあまり考えてもつまんない気がして。その現場を見たわけじゃないんだけど、さっきの久高島の海岸に行ってこっそり石を置く人なんて、本当に生きてるって気がするわけ。ちょっとうまく言えないんだけども。

要するに、東京大学教授としてどんなに偉そうに生きてたとしても、地位とかに守られて安泰、安穏としているんだったら、それは生きてる感じがしない気がするわけ。

だから境界人の勧めっていうのは、生きることの勧めに近い感じがするんです。で、ニーチェの『ツァラトゥストラはかく語りき』の英語の本を読み直しているんだけど、そのカバーの後ろにすごくいいことが書いてあるんです。要するにニーチェの「超人」っていう概念は、神を殺した後の神の後継者が「超人」なんだっていう、僕はすごくわかりやすい要約だと思いました。

つまり神は死んでも、社会の中でこういうのが偉いとか、こういうのが地位があるという社会の中の価値観とか基準に従って、その中で地位を築き上げて、自分が中心人だと思ってるような人は、ニーチェが言う「超人」ではないんだね。だって、社会的な価値観というものを自分の生きる糧としてるわけだから、要するに価値を外に丸投げしている点においては、神に従っているのと変わらない。

逆に、おそらく境界人と言われてる人のほとんどは、それができない人だと思うんです。エゴ、自分勝手というか、自分の心に従ってしか生きられない人。不器用っていうかダサイというか、世間の価値観というのが自分にとってあんまりリアリティがなくて、自分の中に価値観があって、それに基づいて生きている人。その、自分の中の価値観というのは必ずしもモーセの十戒《じっかい》に書いてあるからとかそういうんじゃなくて、自分がなんか今まで生きてきた中で感じたこととか、摑んだことを大切にしている人なんだよね。

要するに、超人、スーパーマン、スーパーヒューマンっていうのは、外に自分の倫理の規則を求めちゃう人じゃなくて、自分の内側で自分の責任において何がいいか、何が価値があるかって決められる人だというんだね。
竹内　そうだよね。
茂木　そういう意味で言うと、竹内はカトリックとか言ってるけど、別にカトリックの戒律に従って生きているわけでもないし。
竹内　生きてないね（笑）。
茂木　ニーチェの言う超人じゃなくても。
竹内　僕の場合、幼児洗礼を受けて、子どものころ神様の話を聞かされたわけです。『聖書』とか読んでいくんだけども、あるとき確かに神様は死ぬんですよね。死ぬっていう意味は、つまりそこにある価値観で生きなければいけないというところから脱却する段階があって、そのときに宗教が世俗的になるというか、自分の中で自分の価値観っていうものができてくるんです。たぶん子どもから思春期を経て大人になるときに、ほんとはそこで経験して脱却するはずなんですよ。
あるいは宗教の神じゃなくても、それぞれの家には親の価値観や倫理観があって、たとえば君はこういう職業に就きなさい、とかなんとか。それは与えられたものなんで、それを新たに自分が脱皮して大人になるときに、自分のものとして創造するわけでしょ。創っていくわけですね、自分を。それは言わば、誰もが、一人一人が経験しなくてはならないような、ニーチェのいわゆる「超人」への変身過程なんですよ。「神様が言ってるからこうやるんです」から「私はこう思うからこうやるんです」に変わっていかなくちゃいけないんですよ。でも、その点から言うと、今日本を見ていて、すごく怖いなって思います。

茂木　われわれの共通の師匠である養老孟司さんが外国人にいつも言われるっていう「日本人はほんとの意味で生きてない」っていうのは、そういう意味でしょ。

竹内　そうそう、そうなんだ。

茂木　自分の中に基準がない、と。

竹内　そう、基準ないなあと思うことが多くて。さっきの話じゃないけど、今、エネルギーがぱっと切れたら、たぶん無法地帯になりますよ。なぜなら、自分の中に基準を持ってないってことは、人が見てなかったら、何やってもいいってことになっちゃうでしょ。

最近、犯罪のニュースが報道されるたびに思うことがある。そういう悪いことをする人たちというのは、周りから見られていて、チェックされているときは悪いことしないんだけれども、そのチェックがはずれた瞬間、なんでもやっちゃうわけですよ。つまり、自分の中に倫理観とか確固たるものがないんだと思う。もちろん超人はそういうことをしないわけでしょ。超人って言われる人たちっていうのは自分の基準があるから。

茂木　悪いことをするとしたら、その人自身が何か考えてするんだ。

竹内　よほど特別な価値観で、たとえば世界を破滅させてやれとか、なんかそういう価値観が自分の中にもしあったとしたら、それはそれで逆に怖いんだけれども。

現代日本を見ているとすごく危機感をおぼえるのは、やっぱりそういう自分独自の基準みたいなものが育ってないってことですよ。じゃあ、そういう基準みたいなものの源はどこから来てるのかって考えてみると、ヨーロッパでは、生まれたときはキリスト教から倫理観みたいなものが入ってきて、その倫理観を自分なりに変えていくプロセスがある。じゃあ、現代日本ではどうなのかなと。

学校で道徳教育とかあるけれど、システムとして最初にインプットする部分がないような気がするんです。それを脱皮しろって言われても、そもそも脱皮する前の倫理観みたいなものが、もともとないのかなと思うんですけど、それってどうですか？

茂木　僕と竹内ってやっぱり怒りのツボが近いところが確かにあるんだと思う。僕も日本の現状については一時期憂慮したことがあるんです。で、怒りまくってたんだけど、ねえ、竹内、今日の俺って意外とおとなしめだと思わないか？

竹内　うーん、そんなに怒ってないね（笑）。

茂木　それはね、要するにそういう心の狭い人たちって結局淘汰《とうた》されていくんじゃないかなっていう見通しを今の僕は持っていて、一年前よりは楽天的になってるというか、そういうのにつきあう必要はない気がするんだよ。

やっぱり人間ってよりよく生きたいと思ってるし、しかも今グローバリズムでどんな情報でも案外われわれが思ってる以上に速く伝わってるんです。だから、ほんとのことさえ見つめていれば、ひどいことにならないんじゃないかなっていうのが僕の今の立場なんですね。それは、なぜ僕が最近福澤諭吉が大事だと思ってるかっていうことともつながるんだけど。
福澤の何が大事かって、やっぱり彼の理想はぜったいにぶれなかったことだね。彼の『学問のすゝめ』なんていうのは激烈なる理想の表明ですよ。で、その理想は間違ってなかったから、途中でなんかいろいろ守旧派から文句言われたりしたけど、彼の言説っていうのは結局明治の日本を動かしたわけです。
だいたいからして、明治も今も、チンケなことを言ってる人たちって大した理想も何もないんじゃないかな。あるいは、すごく偏狭な世界観に基づいてそういうことを言ってるかのどっちかだよね。そんなのは、このグローバルな思想の競争の中では負けますよ、放っといても。だから放っておけばいいんじゃないかなと僕は思う。
竹内　自然淘汰されてしまうと？
茂木　うん。だから僕はむしろ自分がどういう理想を持てるかっていうことのほうが大事な気がするんですよ。
竹内　そりゃそうかもしれないね。そういう人たちとの闘いにエネルギーを費やすのは無駄かもしれないね。

変わらぬ談合社会

茂木　いや、そうは言っても、やっぱり言うべきことは言うべきだと思うんだ。たぶん無駄だと思う。それでも言うべきなんだ。

竹内の怒りの本質にもつながっていくんだけど、要するに日本って本質は談合社会で、クラブメンバーになっている人にとってはお互いにやさしいんだけど、外の人に対してはすごく厳しい。でもそれの被害者っていうのは、実はクラブメンバーの「内の人」のはずだった日本国民の中にもいて、たとえばフリーのライターっていうのはなかなか借りられないの、家を。

竹内　さっきも言っただろ。

茂木　そうか、お前もそういう目に遭ってたんだ？　あ、ごめん。俺フリーじゃないもんで……。

竹内　（憮然《ぶぜん》として）フリーライターは家なんて借りないほうがいいんだ、どうせ。

茂木　ごめん、そうでした、失礼しました。

竹内　いやいや。
茂木　鈴木光司さん（作家、竹内氏の兄貴分）ぐらいになればね、問題ないと思うんだけど。
竹内　光司さんの場合はドーンと大きいうちを買っちゃえばいいんで。
茂木　買っちゃうか、そう、買っちゃえばいいんだよ。でも、これって典型的な談合社会だよね。
竹内　そうそう。
茂木　だってなんの合理的な理由もないんだから。だから僕は、福澤諭吉が『学問のすゝめ』とか『西洋事情』を書いたときと同じぐらい、今の日本の社会は遅れてると思う。
竹内　ほんとにこの話はショックなんですよ。実際にたとえば家借りようと思うでしょ。で、契約書があって、敷金、礼金とかあるでしょ。で、それらをちゃんと払いますよと言うんだけども、不動産屋はダメだって言うんですよ。その理由は、会社に勤めてないからってこと。要するに「あなたたちは社会にちゃんと組み込まれてません」っていうことになるんですよ。

それで結局どうしたかっていうと、さっきも言ったけど、家賃を二年分全部いっきに払ったんです。そうしないとそこを貸してくれないと言うから。

茂木　竹内くらい有名になってもダメなの？

竹内　その不動産会社で講演やっててもダメなんだよね（苦笑）。

茂木　リリー・フランキーさんと話をしたとき、傑作だったのは会社がイヤでフリーで仕事してて部屋を借りる話。『東京タワー』の中であの人ばらしちゃってるんだけど、部屋を借りようとしたけどやっぱり貸してくれない。二軒目の不動産屋に行ったときに、「いやあ、実は出版社に勤めることになってるんですけどね」とか言って、「え？　どちらですか」って訊かれたから、「いや、小さな会社なんですけどね、講談社」って。で、部屋借りられたんだけど、結局家賃払えなくて、大家が講談社に問い合わせたら、「そんな者はいません」っていう返事。

竹内　はは、「いません」って……。

茂木　それで大家に訊かれて「あ、すいません、あの、実は退職しちゃったんですよ」とか言って。それでまあ、いい大家だったらしくて、その場はそれで済んだという。

竹内　リリー・フランキーさんでも借りられなかったわけですね。

茂木　だからさ、そうしたらバーチャルな会社創ったらいいんだ。そういうフリーライターのための。

竹内　フリーライターの会社創る？　不動産物件貸してもらうための？（笑）

茂木　だからね、たまたま談合サークルの内側にいるつもりで、得してるつもりの人も、いつでもその外にでる可能性はあるんだよ。たとえば、この会場の皆さんも（笑）。あと自分の好きになった恋人とか、自分の子どもが談合サークルの外にでるかもしれないし。フリーライターになったりして（笑）。だからみんな誰にでもそういうことっていうのは平等に降りかかるかもしれない運命なんだね。

竹内　そうですね。

対談2　見ている方向は一〇〇年後

「私、ニュースが嫌いなんです」

竹内　今日の第二のテーマっていうのがあって、茂木の『ひらめき脳』（新潮新書）だとか僕の『99・9%は仮説』（光文社新書）がベストセラーになる昨今、いったい世の中では何が起きているのか？　世間が理系文化人の話に耳を傾けるようになってきているのだろうか？（笑）

茂木（笑）どうぞ、これは竹内先生。

竹内　これって火付け役は養老先生だと思う。やっぱり先生の『バカの壁』（新潮新書）が三〇〇万部突破しちゃったというのが一つ大きくて、それがあるからなんか実は理系の連中というのも少しはおもしろいぞ、という話が広まったんじゃないかな、という気が僕はしています。その後、たとえば『国家の品格』（新潮新書）の藤原正彦さんは数学者、茂木は脳科学者。

茂木　竹内だって三十何万部だか売ったじゃない。『99・9%は仮説』って、俺も読んだよ。

俺の『ひらめき脳』って新潮社だけど、新潮社って一〇万部までいくと、わざわざパリかなんかで総革の表紙をつけた特装版を作って、その一冊を本社の〝新潮社の殿堂〟みたいな部屋に納めて、もう一冊を著者にくれるの。『ひらめき脳』ってやっと一〇万部にいくかっていうぐらいだから、まだぜんぜんダメなんですよ、君の本や、さっき君の挙げた諸先生の本に比べると。

竹内　でもそれこそ殿堂入りするんだね。

茂木　一〇万部いけばね。でも、今の俺の気持ちを言っちゃえば、ベストセラーとかあんまり興味がなくなっちゃった。

なぜかっていうと、最近俺はもう現代から離れようって気持ちになってて、現代から離れてもっと長い目でいろんなものを見たいなっていう気持ちがすごく強いんです。

きっかけになったのは、NHKテレビ『プロフェッショナル 仕事の流儀』の番組パートナーである、アナウンサーの住吉美紀さんが、「私、ニュースが嫌いなんです」って言ったことなんだけど。
竹内　ほおー？
茂木　で、「なんでだよ」って訊いたら、ニュースって毎日毎日なんかやってるんだけど、ぜんぜん本質的なことを伝えてない。一年も経つと何も覚えてないし、ニュースバリューの選び方もすごくいい加減だと。
竹内　とくに現場で見てると……。
茂木　だからそういうものに関わりたくないんだっていうことを彼女が言って、それがなぜか僕の琴線に触れたんですよ。
ところで、（会場に向かって）皆さんはなんでニュース観てるんですか？　ニュースなんて観なくてもいいんじゃない？
竹内　言ってることはわかるけど。
茂木　今日だって朝からチャイコフスキーの『くるみ割り人形』のDVDかけてたし、ニュース観なくても問題ないし、そもそもニュースは映像としておもしろくないんだよね。九・一一テロみたいな映像はどうしても観なくちゃいけないけども、要するに同じなんだ。人間の世の中で起こることなんてそんなに変わるはずないじゃん、バリエーションが。こういう事件がここで起こりました、ちょっと変えてここでまた起こりました、とかなんとかコメンテーターがしたり顔で言ってるだけ。

竹内　現役のニュースキャスター（当時、日テレ系『NEWS ZERO』の火曜キャスターを務めていた）としては、何も言えないな。（会場笑）

茂木　いや、俺もニュース番組のコメンテーターやったことあるから。でもまあ、あれは一つの芸がいるよね。芸っていうか、反射神経いるよね。

竹内　でも、茂木の言ってることはわかるんだよね。ニュース番組をつくる側の事情を知ってるから。つまり、まず何かが起きてそれを集めてきてニュースにするっていうことであれば、今日は五分で終わっちゃいましたっていうときがあってもいいわけです。でもそうじゃなくて、テレビの場合は、一時間なら一時間と番組の「枠」だけやらなければならないからきつい。

　番組の前に、その日重要だと思ったものを上から並べていくんだけど、日によっては入りきらないことがあるんですよ。入りきらないっていうのは、いろんな事件がたくさんあちこちで起きちゃって、全て放送するとなると番組の「枠」内ではおさまらないから、これはカット、これもカットって選別する。だから撮ったけどやらないニュースがたくさんでてくるんですよ。
かと思うと、別の日には大事件が世界的に起きない、日本でも起きてないっていう日もあります。そういう日は、本当だったらニュースにはならないものまで無理にニュースとして扱うんですよ。そんなニュース番組は確かに矛盾している。
茂木　あと、ほら、アメリカのＦＯＸテレビなんか観てると、イラク戦争についても、戦争遂行に賛成の立場からいろいろ流してる。どっちかと言うとリベラルとされるＣＮＮに対抗して創られた局と言われるだけあってね。なんかああいう流れにのせられて観てるっていうのがイヤなんだな、ニュースっていうものは。
竹内　ムキになって観るもんじゃないかもね。
茂木　僕にとってテレビのニュースと対極的なものってなんなのかな。たとえば……竹内も小林秀雄が好きじゃない？　どれぐらい読み返してる？　小林秀雄に限らないけど、自分にとって大切なテキストって何回読み返してもおもしろいし。大切な映像、小津安二郎のたとえば『晩春』なんかをかけとくと、毎回発見があるんですよ。だからニュース映像なんか観てるひまないってのが実感かな。

あと、流行語なんかをテレビが取り上げるでしょ、するとますますものの本質を歪めちゃって見えにくくすることがあると思うんだ。たとえば「ニート」っていう言葉があるでしょ。日本だと、ちょうどその前に「パラサイトシングル」っていうのが流行ったもんだから、「怠けてる若者」っていうような文脈で取り上げられてしまったんだけど、もともとそれを言いだしたイギリスで「ニート」っていうのは、Not in Employment, Education or Trainingで、要するに社会的な資源を与えられていない、機会を奪われた若者の存在という、どっちかっていうと社会の側が反省するような文脈でできたんです。ところが、日本ではワイドショーとかでコメンテーターが、「ニートは困りますね」って、なんか今年も春になり桜が咲きましたみたいな軽いノリのニュースにしてしまうわけでしょう。だから、テレビのニュースがそういうものをいくら追っていっても、人間が生きてることの本質、社会の本質って見えてこない気がする。

竹内　ニュースの現場で仕事をしていて感じることは、日本のニュースって、やっぱり日本中心に世界を見てるわけですよ。外国のテレビ局のニュースなんかをうちで観てると、ぜんぜん違うニュースをやってるわけです。だからわれわれは今日本のテレビを観て、ああ、世界はこうなってるんだと思うんだけども、それって実はアメリカとかフランスとか韓国とか、よその国ではまったく違うことをニュースとして流しているんですよ。

茂木　そうだねえ。

竹内　となると、世界的にみんなが重要だと思っているようなニュースも、実はカットされたりっていうの、けっこうあるんですよ。だから、世界各国を飛び歩いてるビジネスマンなんかからすると、日本のニュースはどうしてあんな日本のローカルな話ばっかり取り上げるんだ、みたいな話が耳に入ってくる。

あと自分で今やっていることで言うと、僕は科学のニュースを担当してるんですね。そのときの時間ってだいたい一分半からせいぜい二分半で、その週のニュースをやるわけです。一分半でやるっていうときに、どういう基準でそれを選んでくるかというと、実はその前の週あたりに、来週これを取り上げたらいいんじゃないかっていうようなテーマを、たくさんディレクターのほうに送るんですよね。

で、それが採用される基準というのは、まずやはり日本で起きてるっていうこと。だいたい日本の研究者が何かやりましたっていうのが非常に大きいんですよ、採用の基準として。それから次はやはりインパクトのある映像があるっていうこと。これはつまりテレビだからですよ。新聞とかラジオではなくて、テレビだから、おもしろい映像があるのが第二の基準なんですね。

そうやっていくと、たとえばノーベル生理学・医学賞を「RNA干渉」が取りましたというのは、ノーベル賞がいいとか悪いとかは別にして、それは世界的には大きなニュースなんだけれども、それは僕がやってる枠ではできないんです。というのはインパクトのある映像がないんですよ。それから日本人が一枚も噛んでない。

となったときに、いったい何が重要なニュースなのかなっていうのは、確かにメディアの側、テレビ局の都合で「つくられたもの」ではあるんですよ。僕なんかがこちらから提案するもののもちろんあるんだけども、視聴者が何を喜ぶかっていうのはやっぱり無視できなくて。民放っていうのは視聴率を取らないとだめなわけです。さもないと、プロデューサーがクビになってしまったり、その番組も消えちゃうわけですよ。だから、大変な闘いというかせめぎ合いがある。だから、NHKで『プロフェッショナル』をやってる人が、ニュースは嫌いだっていうのは、なんかある意味すごいですよ。

誤読・無知との闘い

茂木　そんなことをブログに書いたりしようものなら、「NHKの人だからおもしろいニュース番組を作るのが義務である」ってクレームをつけてくる人がいるんだ。「義務」って言うんだよ。そういうところがやっぱり日本人だと思うんです。英語なら「デューティ」だけど、英語ネイティブの人には、そういうときにデューティっていう言葉を使う感覚はないからね。

竹内　デューティってあんまり使わない。敢えて言うならオブリゲーションかな。

茂木　まあ、だけどそういう僕がブログに書いたことの誤読も含めておもしろいと思った。インターネットっていうのは、そういう誤解みたいなことまで含めて本音の部分を掬《すく》い上げる意味では、非常に大事なチャンネルになっているじゃないですか。僕はいちおうブログのコメントは全部読んでいるんですよ。竹内はコメントは受け付けてないんだよね。

竹内　受け付けてないんだね、掲示板はあるけど。だからリアルタイムで何かをパーンと言ってくるっていうチャンネルは設けてないんですよ（現在はツイッター@7 takeuchi 7）。

茂木　そうですか。残念だな。おもしろいですよ（笑）。

竹内　それはね、結局時間的に対処できないというか、自分でそれをやってると、たぶん一日のうちにそれにかける時間ってすごいでしょ。だからその時間はやっぱり自分の執筆にかけるってほうをとらざるをえないんですよ。もっとも、そこは選択の問題だと思うんだけど。

茂木　いや何がおもしろいかっていうと、今日のテーマにもつながるんだけど、いろんな意見を書いてくださる方がいるんですよ、私のブログに。で、その一部は私から見ると明らかな誤読なんですね、僕の書いたことの。こう言うと申しわけないのですが、時には下衆《げす》の勘繰りとしか言いようがないような、僕の意図がすごく下等な動機に基づいてるかのように書かれるっていうことがあるんですよ。でもそれはしょうがないと思うんです。そういうふうに読んじゃう人もいるんだってことを、逆に僕は勉強するんですけど。

しかし読んでていちばん困ったなあっていうか、そのコメントを書いたご本人にとっても不幸なことだなと思うのは、自分の意見をつゆほども疑わない人なんです。わかります？　自分が正論であると、それはもうまったく議論の余地もないことだと勝手に確信して、だからこういうことを書いてるんだって平然と言うような、そんなニュアンスの文章が来ることがあるんですよ。

竹内　自分は正しい、あんたは間違ってるから悔い改めよみたいな感じね。

茂木　まあ、そこまで強くなくても、自分の意見について議論できる余裕があるかどうかっていうのはすごく大事な基準なんですよね。われわれ科学者っていうのはそういうトレーニングを受けてるわけです。つまりどういうステイトメント（報告、発表）をする場合にも、将来ひょっとしたら反証されるかもしれないものとしてものを言う訓練を受けてるから、ある意味では世の中がひっくり返ることをも想定して世の中を見てるわけなんだけど、そうじゃない人っていうのが世の中にはいるわけです。

　そういう人に僕は非常に苦しい思いをさせられるんだけど、僕はさっきも言ったように彼らをそうさせるのは悪意よりも無知だと思うので、失礼だけど、そういう人のことを僕はむしろかわいそうっていう気持ちになる。俺も無知かもしれないし、俺もひょっとしたら自分では気づかない頑《かたく》なさを持っているのかもしれないんだけど、でも明らかにその局面においては、この人の無知、無自覚はかわいそうだな、と思ってしまう場合があるんですね。

竹内　だからその頑なな頭の固さみたいなのは、やっぱり非常に苦しいんだよね。

茂木　やっぱりあります？

竹内　うん。たとえばテレビで『たけしのコマ大数学科』っていうのをやってるでしょ。あれは隔週で僕と中村亨さんがでてるの。

茂木　中村さんは実は僕の高校のときの同級生で、みんなつながってるんです。こういうのを英語で「オールド・ボーイズ・ネットワーク」って言うんですね。

竹内　その中村亨先生がやった回のとき、いろんな形をした塀を立てて、それに太陽の光が射したときにできる影の面積を求めなさいという問題を出したんですよ。それを放送したときはなんのクレームもつかなかったんだけども、最近『たけしのコマ大数学科』の視聴率が上がってきて、そういう問題のパズル集みたいなのを出していたとある先生の耳に入ったらしいんですよね。すると、この問題は自分の本をパクッたんじゃないかって、その先生がすごい剣幕で制作プロダクションのほうに文句をつけてきたんですよ。

それで中村先生が調べたんだけども、基本的に影の面積を求める問題なんていうのは昔からどこにでもある古典的な問題なの。しかも形とかも、番組とその先生の本のとは違うんですよ。なんだけど、その先生は自分の本っていうのは広く読まれている、だから番組も自分の本からパクッたに違いない、みたいな頭になってしまってるわけ。

これがまたすごく有名な先生らしいんですよ(笑)。でも、単なるクレーマーでしょ、こういう人のことを「妖怪教授」って僕らはひそかに呼んでるの。

それで制作会社のプロデューサーが、とにかくじゃあ、自分が行って謝りますからと言うんです。僕は別に、ぜんぜん謝る必要ないと思うんだけど、相手はとにかく自分が正しくて、お前らはパクッた、みたいなことを言い張る。だからパクッてなどいないんだけど、プロデューサーが行って、先生の本をちゃんと出典として、あるいは参考図書として挙げなかったことをお詫びします、みたいな感じで謝ってるんですよ。
茂木　そういうこと言ってるの、妖怪教授って？　でもそういうのってすごくレベル低い話だね。あのオックスフォードのロジャー・ペンローズ（一九三一年〜イギリスの数学者、宇宙物理学・理論物理学者）なんてそういうことをまず発想しないね。
竹内　そうだね。
茂木　だいたい影の問題なんて、そんなオリジナリティもクソもないじゃん。小学生だって考えられるじゃない。チンケだなあ。つまんないね、そういう人ってね。
竹内　相手は頭固いわけだから、これはもう説得できないの。そういうときに非常になんか苛立ちを感じますよね。なんでこんなことがまかり通るのかって。
茂木　なんか鬼の首を取ったように言う人っているんだよね。
竹内　たまにこっちも間違えることがあるんでね（笑）。

茂木　もうそれは放っとけ。いいんじゃないかな、僕はそう思うよ。たとえば僕、クオリアの研究やってるんだけど、クオリアって言葉は僕が考えたんじゃねえってことを、うれしそうに言う人とかいるんだよね。それは当たり前だ。クオリアってラテン語はもとからあったんだから。エオリアじゃないんだからさ。

（会場笑）

竹内　オリジナリティっていうことに関してなんか幻想があるんですね。なんでもオリジナルなものはいいし、そうでないものはいかんみたいなことを言うんだけど、ゼロからのオリジナリティっていうのはあり得ないわけですよ。

茂木　だってアインシュタインの相対性理論だって、もちろんポアンカレとかローレンツが前に式は出してるわけでしょ、「ローレンツ短縮」の話は。で、アインシュタインが意味ないのかっていうと、そんなことないわけです。要するにさっきの妖怪教授のような人たちって、自分がそういう際《きわ》に置かれたことがないから実感がないんだと思いますね。その、真に創造的な大発見に立ち会うような、生成っていう現場の際《きわ》に。

竹内　そう。

茂木　現実問題としてわかっている人は、そんなごちゃごちゃくだらないことを言わないですよ。それを言うのは、要するに典型的な「生きてない」人。つまり偶有性っていうか。生の現場で格闘してる人は、そういう馬鹿げたことは決して言わないっていうことです。

竹内　妖怪教授みたいな人たちは、たぶん自分がやってることに対してじゃなくて、人は何をやってるかっていうことに目が行っちゃうんですよ。それで、「あ、こいつは俺のをパクッてるんじゃないか」みたいな被害妄想になっちゃうわけ。これはぜんぜん建設的じゃないし、創造的でもないっていうことですね。

妥協しない！

茂木　さっき僕は現代から離れようって気持ちになっていると言ったけど、少し過去の自分の問題意識に回帰していると言ったほうがいいかもしれない。自分の研究に関しても、ここ一〇年くらい大学院生を抱えることになったから、修士論文や博士論文を書くために、普通の、現在オーソドックスとされる脳科学と妥協をしてきたんです。ところが最近になってやっぱり、一九九七年に書いた『脳とクオリア』(日本経済新聞出版社)のころって楽しかったなという思いを強くしているんです。

で、今の苦しさっていうのは、俺の見ている方向は一〇〇年後、二〇〇年後から見て間違ってないっていう自信が持てるんだけど、先への進み方がまだ自分でよくわからない。そういう苦しさがあるわけ。

それに、僕の書いたものを読んでいろいろ文句言う人っているけど、そういう人たちの間違いというか、長い目で見ると消えていく運命にあるだろうという予想も、ある程度はつくんですよ。ただ、短期的にはその人たちのほうがやることがいっぱいあるから目立つだろう。でもそれは意識の問題を本質的に解くことにはつながらないだろうってね。

最近、別になんかいいやと思ったの。なんか開き直って。だって楽しいことがわかって、こっちのほうに行くと大陸があるってわかってるんだから。でもなかなか着かないけど、少しずつでも進んでいけば、いつの日か着くかもしれないじゃん。

竹内　茂木はいろんなことやってるからね。

茂木　小林秀雄の担当編集者だった新潮社の池田雅延さんと話す機会があったんです。小林秀雄は池田さんにいろいろおもしろい話をしたらしいんだけど、その中で印象に残っているのはなんですかって池田さんに訊いたら、「ヨットには必ずモーターが一つ付いている」って小林秀雄が言ったことだったんだけど。ヨットのモーターっていうのは普段は使わないんだけど、なんか緊急のときに使うんだ。そのモーターっていうのはすごく出力とかは弱いんだけど、ぜったいに故障しない。だから必ずそのモーターを使えば生きられると、いざというときには。

竹内　ああ、なるほどね。

茂木　それは小林秀雄のある種の人生観というか。少しでも、とりあえず正しい方向さえ見えていれば、どんなにゆっくり進んでいても目的地に着くわけでしょ。僕はそれでいいんじゃないかなっていう気が最近してて。

今脳科学の研究の成果だと言われて教科書にでているようなものって、ほとんど一〇〇年、二〇〇年経つと意味がなくなってると思う。それぐらい意識の起源というか心の本性についての本質的な問題が見落とされてるんですよ。

なので、世間につきあうと本当に人生もったいないなっていう感じは、研究のほうでもしてるんです。

竹内　それはわかる。

茂木　僕が尊敬してる人ってみんなやっぱりある種の怒りに達していて、それは何かというと、その人が間違っているかもしれないんだけど、自分が正しいと信じている方向と世間でやられていることが違うっていうときに、怒って、それで妥協しなかった人たちばっかりなんですよ。結局考えてみると、だから妥協しちゃいけないんだなと思って、ほんとにエッセンシャル（本質的な、重要な）なことについては。

わかってくれる人がいればいい

茂木　ソローの『森の生活（ウォールデン）』ってあるじゃない？

竹内　はいはい。一九世紀アメリカの古典ですね。

茂木　これも今もう一度読んでるんだけど、いちばん最初のあたりに経済学の話が書いてあったのを覚えてます？　田園生活をする人が農作物とかをどうやって売って、どうやって儲けるかっていう、経済生活の話が延々と書いてあるんだよ。そういうのってすごくおもしろくて、『森の生活』っていうとなんとなく、森の中で一人で住んでいて沈思黙考してみたいな、そういうイメージがあったけど、すごくリアルな経済生活のことが書いてある。そういうことを発見するほうがよっぽどおもしろいわけじゃないですか、生命哲学として。

いちばん大事なことは、ある種の生命哲学っていうのは万人にわかる言葉で語れるはずだっていう思いです。わかります？　だからニーチェとかが大事だと思うんです。たとえば「超ひも理論」っていうのは万人に理解されるようには語れないかもしれない。でも竹内の生命哲学は語れるかもしれない。いかに生きるかっていうことだったら、万人に理解できる。

竹内　超ひも理論は僕はもう少しわかりやすくはできると思うんだけどね（笑）。

茂木　いや、でもさ、人々はいかに生きるかっていうことについては誰もが関心あるわけじゃないですか。たとえば、最初のほうで言った『ドキュメント72時間』というテレビ番組の中でバッティングセンターが閉鎖されてしまうっていう話から、それは自分たちの肉体と同じであるっていう思いを持つ人がいると思うんだよ。要するにどんなに偉そうに思っている人でも、いつかは閉鎖されるバッティングセンターに住まってるようなもんじゃない、肉体っていうことで考えると。

竹内　茂木の学生時代のことで僕が覚えていることといえば、ニーチェにはまってたという印象が強いんだね。茂木はニーチェ、ニーチェってすごく言ってたの。

茂木　言ってたね、あのころは。

竹内　ところがある時期からニーチェのことぜんぜん語らなくなったの。

茂木　大人になった時期だね。

竹内　この間対談をやったときなんか、ニーチェの話を僕がちょっと持ち出したら、「いや、もうみんな大人になったんだから、その話はよそう」って言ったんだよ、茂木は。

茂木　そんなこと言ってないって。（会場笑）

竹内　なのに、今日はまたニーチェに戻ってる。っていうことは僕の感じからすると、昔の学生時代のときのあの感じ、あの勢いみたいなものが茂木に戻ってる気がして、今日は対談しててほっとしてる感じがあるんですよ。前回のときはなんかすごく茂木は疲れてて、それでなんかすごく世間とうまーく調整をしようって、無理してる印象があったんだよ。

茂木　いや、ほんと大事なこと。別に世間に誤解されてもいいけど、何人かすごくわかってくれる人がいればいいと、ほんとにそう思ってる。薄くわかってくれる人が一〇〇万人いるより、すごくよくわかってくれる人が何人かでもいるほうが僕はうれしいっていう思いがあるんだよ。それは、だから竹内もその一人なんだけど。竹内も知ってるＳ君っていう僕の親友がいて、僕はＳとしゃべったことがＰＴＳＤになってるっていうことに最近気づいた。（会場笑）

竹内　Ｓ君っていう人は図体がでっかくて、すごい人なんですよ。いつもサンダル履きで歩いていて。彼は合唱部かなんかにいたのかな。で、すごく声もいいんだけど、しゃべってることは確かにわからないんですよ（笑）。いろんなことしゃべるんですよ。で、数学の話とか超ひもの話、物理の話もやるんだけど、だいたい僕の場合は八割は意味不明でわからないの。

茂木　俺は一八歳のときにＳに会ってしまって、全学で一五人しか取らないような授業に行くと必ず彼もいて、ずっとしゃべっていた。こっちも大学に入ってまだ間もない紅顔のなんとかだったから、それが世の中普通だと思ってたんだよね。そういう人が。

竹内　S君はぜんぜんフツーじゃない（笑）。

茂木　ところがSとは親友になって、ずうっと一緒にいて、二時間も三時間も彼の訳わからない話を聞いてて、その後日本の哲学界とかを見渡してみても、彼みたいな訳わからないこと言う人っていないんだよね。

竹内　みんな溶けたゼリーみたいにぬるくてわかりやすい……。

茂木　だから隕石に当たったかのように僕は彼に当たってしまったわけなんだよ。で、最近Sと話しているときに、俺はPTSDなんだって悟った。その瞬間、自分の青春がすごくせつなくなってしまった。（会場爆笑）

ひょっとしてSってカントと同じなんじゃないかって思う。カントがあの『純粋理性批判』書いたの五七歳なんだよね。

竹内　そうそう、遅いの、すごく遅いんですよ。

茂木　だから俺、そういうことのほうが大事な気が最近してるんですよ。

竹内　つまりS君がそのうちカントを超える著作をするものと。

茂木　それも可能性あるし、ほんとにSっていうのは、竹内薫もそうなんですけど、僕にとって掛け替えのない友人なんですよ。

竹内　そのうちに僕もPTSDを……（笑）。

茂木　俺にPTSDを与えた掛け替えのない友人がいるって話なんだけど、皆さんにもそういう人間がいると思うんですけど、それって百万人の中の一人かもしれないです。ほんとになんか滅多に自分とそこまで合う人っていないっていうか、それってすごく大事な何かいろんなものを共有してるんですよ。

誰もが必死で生きてるんだから、生命哲学は誰にでもわかると僕は思うよ。どうやって生きるべきかという。学問って結局そういうことになっていくわけじゃないですか。違いますか？

「知」に境界はない

竹内　「自分たちは理系と文系とどちらに属すると思うか」と訊かれたら、僕は「文系」なんですよ、実は。でも、世間の人がそう思っているかどうかはわからないんですよ。で、実際問題としてはたぶん文系、理系の違いは世間の人が考えてるほどないと思うんです。そういう括りにはならないんじゃないかなっていう気がするんですね。

茂木　僕は、理系、文系って括り自体まったく興味がない。でも、どうでもいいって言い方も芸がないしな。要するに僕はマージナル（marginal）というか境界人だから、とでも言うほかないね。

竹内　でも、自分が理系人間か文系人間かで悩むことはなかった？　たとえば大学進学するときに選択しなくちゃいけなかったんじゃないか？

茂木　いや、理系か文系かって、世の中の人が普通はそういう発想するってのはよくわかってるけども、僕にはその気持ちはよくわかりません、そういうのは。

竹内　じゃあ、子どもの話っていうことで、子どもが進路を決めようと迷ってるとするね。それでたとえば数学が苦手なら、じゃあ文系を勧めるのか、あるいは国語や英語が苦手なら理系を勧めるのか、とかそういう発想で訊いてみたいんですけど。

茂木　いや、だから俺はそういう発想自体がテンション低いと思うんですよ。理系か文系かなんて知ったことじゃないんで、僕にはなんて言うか自分がいいと感じたものしかわからない、っていうだけのことなんです。

たとえばね、ここに持ってきたこの本の、この人、この太ってる人、マット・ルーカスっていうんですけど、ほんと天才的なコメディアンで、今度来日するんですがちょっと会えるんでうれしいんです。で、この人はゲイなんですよね。

ところで、ニーチェの『悦ばしき知識』ってあるじゃない。あれの英訳の題名は『ゲイ・サイエンス』("The Gay Science")っていうんだよ。

竹内　ゲイね、はいはい、ゲイ(笑)。

茂木　それで理系か文系かっていう質問よりも、お前はストレートかゲイか、あるいはバイかっていう質問のほうが、僕はおもしろいと思うんだけど。それは別に深刻な意味で言ってるんじゃなくて、理系か文系かなんて質問はまったくナンセンスっていうか、もうなんかそういうことにいちいち答えて、つきあってること自体がもったいない気がするんですよ、ぜったい。

竹内　だからナンセンスなんだけども、この世界っていうか、今の日本はどちらかというと理系か文系かみたいなことを問題にしたがる人が多いんですよ。

茂木　いや、だからそういうのにはいっそ気づかないで、「え？　世間ってそうなってるんですか」って、言うぐらいのほうがいい気がする。

竹内　気づかない振りをするの？

茂木　振りっていうか、最初から気にも止めない。だって自分の過去一年間生きてきた中で、理系か文系かなんていう言葉は、一行も俺の頭の中をよぎってないもの。

竹内　じゃあ自分の子どもが進学するときには、全部勝手にやれって言うの？

茂木　いや、それじゃあ訊くけど、たとえばコンピュータサイエンスってどっちなんですかね。理系なんですか？　文系なんですか？

竹内　中間でしょうね。

茂木　それやるんなら、俺だったら「全部やれ」って言うかもね。

竹内　全部やれ？　理系、文系という区分け自体が間違っているということで？

茂木　っていうか、もう僕は終わってると思うよ、日本のそういう知のインフラ自体がもう世の中で役に立たないものになっちゃってるんだ。

竹内　たとえば高校とか大学の理系とか文系とかいう分け方などのカリキュラムは、ほとんど昔のままだね。

茂木　うーん、だから東大も世界の田舎大学になってる。

竹内　直していかなくちゃいけないんだね、たぶん。

茂木　だからそのときに竹内も、突っ走っちゃえばいいんだよ。あんまり世間のことなんか気にしないで勝手に走ってればいいと思う。

そうすると、「あ、ああいうふうに走ってる人がいるんだ！」って、それでなんか、「じゃあ、ちょっと真似してみようかな」とか思ったりするかもしれないじゃん。竹内の役割は教育システムがどうのって議論より、そういうことだと思うんだよ。もう、勝手にやっちゃえばいい。たとえば宮澤賢治は理系か文系か、どっちなのかったって、わからない、そんなの。

竹内　だから基本的にやっぱりああいう人たちも両方やってるんだよね。また「両方」っていう言い方には、前提として理系、文系って区別があるんだけど、それもないんだよね、やっぱり。両方やっちゃえばいいって言えば、茂木もそうだし僕もそうなんですけど、大学もいわゆる理系、文系と両方でてるわけですよ。

茂木　まあ、でも今だったらフランス哲学とか（茂木氏は東大法学部卒）やったほうがいいかなと思うけどね。だって「知」ってそんなに境界がないじゃん。っていうかもともと、そんなのなくて当たり前じゃないの？

竹内　ほんとはないんだよ。ほんとはないんだけど、いつの間にか大学、この国の教育システムがそういうふうに分かれて、結局それが分かれてるもんだから横断できないようなところがあるじゃないですか。それを敢えて横断しなくちゃいけない。

茂木　横断、勝手にやっちゃうんだ。

竹内　そう。だから横断しないと、結局世間から常に、たとえばあの人は文系ですとか言われてね、レッテルを貼られちゃって、けっこうそれで苦しむ人っていると思うんですよ。「あの人は理系です。あの人は文系です」。

茂木　「あの人はストレートです。あの人はゲイです」とか？（会場笑）

竹内　そう、世間からレッテルを貼られるその苦しみを乗り越えるために、昔は、それこそわれわれの世代あたりまでは、たとえば両方やるのも一つの手だったんじゃないかと僕は思うんです。

茂木　うーん。理系か文系かなんて、渋谷からどっかに行くのに銀座線にするかそれとも半蔵門線にするかっていう程度の問題で、要するにそんなの走って行き着きゃどっちだっていいのさ。

今日死んでしまうとしたら

竹内　茂木に訊きたいんだけど、たとえば人間必ずいつかは死ぬでしょ。死についてすごく考えた時期ってありますか？

茂木　今でも考えてますけどね。

竹内　死は怖い？

茂木　怖いっていうか、それを前提にどう考えるかっていうことですよね。

竹内　死ぬっていうのが前提にあって、それでじゃあ、どうすればいいか、この人生をどう生きればいいかみたいなことにいくわけでしょ。でもそこに不安はあっても怖さはない？

茂木　竹内は昔、キャンパス歩いてるときになんか言ってたよね。自分の友人が死んで、それで文Ｉから法学部へ行く予定だったのが物理になったって言ってたよね。

竹内　僕は高校のとき馬術部にいたんですけど、そのとき一年後輩の友人がいて、彼は僕が大学の二年生になるときに死んだ。慶應大学に推薦入学が決まってたんですよ。それがある日突然……。大学に入るちょっと前、自宅で突然死してしまって。彼の家はお医者さんの家庭だったんですよ。で、ご両親と同居してるから、たぶんそのときその瞬間に見つけられて心臓マッサージでもしていれば助かったんだけれども、真夜中に自分の部屋に一人でいるときに突然心臓が止まって死んじゃった。

なんだろう、僕は身近な人、たとえば祖父母や同居してた伯母が亡くなったりとか、そういうのはもちろんあったんだけども、同年輩というか、一つ歳下ですごく仲良くしてた人物が、いきなり理不尽な死に方をしたっていう感じがしたんですよ。人間ってこんなに突然ぱっとこと切れちゃうんだみたいな、要するにそこで終わっちゃうんだっていう衝撃。たぶん彼はその数分前まで自分が死ぬ、そこで死ぬ、終わるっていうことを考えてなかったはずなんですよ。だからなんの準備もしてなかったはずなの。周りの人間もぜんぜんそんなこと予測してなかったわけです。だって元気だったんだから。

それを目のあたりにしたときに、なんか、あれっと思ってしまって。じゃあ、自分もたとえば明日いきなり、今晩いきなり死んじゃう可能性もあるんだなっていう、そういうことに気づいて。その当時自分は、文Ⅰっていうところにいたんですけど、それは法学部に進学するってことなんですね。でも、僕の場合漫然と進路を選んでたんですよ。

高校のときに、将来的につぶしが利くっていうことで、じゃあ、東大の法学部に行ってそこをでれば、たとえば役人になれるかもしれないし、いい会社にも入れるかもしれないと、高校生なりの打算をしたわけですよね。で、受験勉強やって入ったけど、ふっと、でも今日人生終わっちゃうんだったらば、それぜんぜん意味ないじゃないか、と。

それで結局哲学をやりはじめて、科学哲学とかに行って、それからいったん卒業した後に、東大の物理学科の三年生に転入したんですね。それは物理学、とりわけ宇宙についての研究がしてみたいっていうのがあったんです。そこに茂木健一郎がいて……。

茂木　だからそういうことを本に書けばいいんだよ。

竹内　え？

茂木　そういうことは万人の心の琴線に触れると僕は思いますよ。

「知」に限りはない！

竹内　ところで、本の題名っていうのは確かに重要ですね。僕は実は最近、題名に関しては才能がないなって自分ですごく感じてるの。

茂木　『99・9％は仮説』って誰がつけたの？　あれは編集者？

竹内　編集者だよ。

茂木　ああ、なるほどね。『仮説力』（日本実業出版社）っていうのは？

竹内　『仮説力』も編集者だよ。

茂木　ああ、そう。

竹内　だからつまり中身は書けるけど、題名はつけられない。ほら、養老先生も書いてるじゃないですか。自分は一冊の本は書けるんだけど、題名は書けない、もし題名が書けるんだったら、自分は別に本を書く必要なんかないって。ただ一言のキャッチフレーズで全部終わりなら、それでいい、でもその一言が出せないから本一冊書くんだって。こう言うと、言い訳に聞こえるかもしれませんが、なんとなく僕もそう感じますね。

やっぱり、フレーズをポーンと出す才能がある人っていますね。茂木がそういう才能を持ってるかどうかわからないけれども、一言でキメるのも才能かな、と思う。文才っていうけれども、長い文章を書く才能もあれば、キャッチフレーズや題名を考えつく別の才能もあるんだよ。そしてやっぱり自分には後者の才能がないって自覚があるんですよ、最近。

茂木　でもね、キャッチフレーズや題名なんて、世間の人は意外と「勝手に決めてくれ」って思ってるもんじゃないかね。

そんなことよりも、近頃ますます感じるのは、要するに「知」っていうのは本当に青天井なんだ、限りがないんだってことです。たとえば、竹内は宮澤賢治を愛してるけど、賢治の全作品をもう一度読み直したことって最近ありますか？

竹内　ある。けど全作品じゃなくて特定の作品をだよね。気に入った作品がいくつかあって、それは繰り返し読む。宮澤賢治も好きだけど、僕が何度も繰り返し読む本の一つは、永井荷風の『濹東綺譚《ぼくとうきたん》』なの。この本が僕はものすごく好きで、昔買った岩波文庫なんかもうボロボロ。
茂木　ボロボロになってると言えば、俺で言えばそれは内田百閒《ひゃっけん》の『阿房列車』あたりだろうか。要するに、そういう心から愛してる本を読むっていうほうが、流行《はやり》の「脳トレ」なんかよりよっぽど大事なんだ。
僕は「脳トレ」なるものをこれだけ世間が喧伝《けんでん》してることの背後に、すごくいやらしいものを感じている。それはまず「平均化」しようっていう発想ね。万人にとって、それぞれの人の好みも、人生の目的も違うわけでしょう、そしてその人の知性や感性の向かう先だって違うわけなんだよ。
竹内　そうなんだ。だからたとえば人は自分の好きな音楽を繰り返し聴いたり、好きな本を何度も何度も繰り返し読むわけだし。
茂木　そっちのほうがよっぽどいいに決まってるじゃん、「脳トレ」に時間使うより。
竹内　好きな音楽や本で、すごくいい気分になれるんだしね。
茂木　そうさ。「脳トレ」の能書きの、前頭葉がどうのこうのなんて話はまったくナンセンスだよ、そもそも。

竹内　たとえば時間を計って足し算がどれぐらいできましたってのが、もしほんとに楽しければやればいいんですよ。別に「脳トレ」であろうと。でもおもしろくもないのに、脳年齢が何歳になりたいとか、それを目標に苦しいんだけどもやってるとしたら……。

茂木　馬っ鹿みたいだね。どうかしちゃってるよ。そういうのが流行ってるとしたら。昔マッカーサーが日本人の精神年齢は一二歳って言ったけど、まだもうちょっと下がってるんじゃないか？

　マッカーサーと言えば、彼ら占領者と堂々とわたり合って一歩も退かなかった白洲次郎という国際人がいたね。その妻でエッセイストの白洲正子やその友人でマルチ文化人の青山二郎なんて人も。もう三人とも死んじゃったけど、あそこらへんの人たちだったら、最初からもう一行で終わりだと思う。文系か、理系か、「脳トレ」がどうのこうのって話題がでたら、一秒で瞬殺だ。

竹内　瞬殺……（笑）。

茂木　わかります？　その感じ。世間がどうかは知らないけど、文系か理系かだの「脳トレ」だの、議論どころか注意を向けるにも値《あたい》しないじゃん。そんな議論なんかするより、自分の興味あることをするほうが、みんな幸せになれると思うよ、僕は。一度限りの人生を別にみんなが学者になる必要もないし、みんなが科学をやる必要もないんだ。でもたとえば『赤毛のアン』が好きだったら、『赤毛のアン』全巻読めばいいじゃん、「脳トレ」なんかやらないで。

竹内　『赤毛のアン』か……。

茂木　いや、たとえで使っただけだから。

竹内　茂木、そう言えば『赤毛のアン』大好きで、カナダで……。

茂木　うるさい。その話はいいって。

竹内　僕がカナダに留学してたときに茂木が遊びに来たんですよ。でね、なんでこんな寒いところに来るんだみたいな話をしたんだけど、プリンスエドワード島だっけ？　『赤毛のアン』の舞台へ行くって言うわけですよ。でも、詳しい話はできないんです。つまり誰と一緒に来たとかは言えない（笑）。ただ、僕はそのとき彼がすごくいい、でっかいニコンのカメラを持ってたのが非常に気になりましたね。あのカメラがどうなったかも気になりますね。まあ、そんなエピソードがあって、ああ茂木って『赤毛のアン』なんかが大好きなんだ、と思ってなんだかすごく意外な気がしたんですよ。

茂木　いや、『赤毛のアン』だっていいですよ、なかなか。（会場笑）

自前の倫理観を生み出すもの（質疑応答）

質問A　さっき、社会があらかじめ用意した規範に従うか、自分自身で考えた自前の規範に従うか、というお話がありましたが、個人的な自分なりの規範にも完全にオリジナルなものってそうないんじゃないかと思うんです。で、その起源みたいなものとして、竹内先生はご実家のキリスト教的な倫理観、カトリックの倫理観を挙げていたと思うんですが、茂木先生はそのあたり、どうなんですか？

茂木　さっきも言ったけど、リリー・フランキーさんと対談したとき、彼の『東京タワー』にもこれはでてくる話なんだけど、リリーさんのオカンっていろんな人に飯を振る舞っちゃうんですよ。それってうちの母親にそっくりなんだけど、リリーさんは北九州の小倉《こくら》出身で、うちの母親も小倉出身、小倉とかに行くと確かにそうなんですよ。

僕、それで「あっ」と思ったの。東京芸大で授業やってるんだけど、「モグリ

OK」なんて言ってないのに、芸大生じゃないモグリの人たちがいっぱい来てて、授業が終わった後なんか上野公園でいつもみんなで飲んでるんですよ。夏とか、芸大生も他の人もわあーって集まってきて、別に履修してようがしてまいがぜんぜん関係なく。俺にとってはそれがすごく大事な何かなんですね。イヤなんですよ、お前は芸大生だからいいけど、お前は違うからダメ、とかそういうの。しかし、ときどきなんで俺そんなことやってんだろう？って、自分でも疑問だったんだけど、リリーさんのオカンの話を聞いて、はっとしたんだよね。そうか、それって北九州っていうか小倉のやり方を、母親を通して僕は受け継いでいるのかなって。その自分の倫理っていうのがどういうものに影響を受けて形成されるかっていうのは、本人もなかなか気づかないもんだと思いました。

僕は政治的な権力を志向している人を見るたびに、この人は愛が足りなかったんだとか思っちゃうんだけど、やっぱり権力志向っていうのは愛っていうものと基本的に相容れないものがあるんですよ。僕はだから愛がいちばん大事だと思うんですね。って言っても石田純一みたいなことじゃないですからね。（会場笑）

質問B　先ほど科学と宗教の話がありましたが、養老孟司先生のある文章に、宗教と科学とはお互いを補完する存在だというようなことが書いてあったのを思い出しました。これはすごく大事なことなんだなと思ったんです。科学にも宗教にもお互いに足りないものがあって、ひょっとしてそれを補い合うべき関係にあるのではないでしょうか？

竹内　最近ガリレオの宗教裁判について調べ直していたんですけども、あれを見てたら、ガリレオがトスカーナ大公妃のクリスティーナに向けて、科学と宗教の関係についての手紙を送ってるんですよ。それを読んでいたらおもしろいことが書いてあるんです。

ガリレオももともとカトリックの人なので、神は前提としてあるんですよ。それで自然界というのは神の言葉からつくられたって、当然のことのように言うわけです。それは『旧約聖書』に書いてあるから、神の言葉からはじまった、と。

神の言葉を書いてある『聖書』には、人間はどうしたら天国に行けますかっていうことは書いてある、けれど自然界がどういう仕組みになってますかということについては書いてない。そこでガリレオは、自然界が持ってる仕組みについては、われわれが科学を通じて実験したり観察したり理論を立てたりして調べていくしかない、という姿勢を見せるんです。

そういう意味ではガリレオの頭の中は現代人とはそうとう違うわけです。違うけれど、同時に彼は神の言葉である『聖書』が触れていない自然界の仕組みに関しては、科学的な手法でどんどん解明していくべきだ、みたいに割り切っているんです。偉大な科学者というのは、神が前提の時代にあって、彼自身神を信じていても、宗教と科学をそういう関係で見ているんだと、僕は非常に感心したんです。

茂木　でも俺、本音を言うと、宗教と科学の関係なんて、ちょっと理系と文系の関係がどうのっていうのに近いぐらいアーティフィシャル（わざとらしい、不自然な）な感じがするんだよなあ。また「意味ないじゃん」って言うと怒られそうだけど。

（二〇〇七年二月二四日・朝日カルチャーセンター新宿収録。構成・佐伯修）

文庫版へのあとがき

本書のもとになった単行本が出版されてからもう六年になります。執筆時に抱っこしていた赤ん坊は幼稚園の年長さんとなり、いま、私が経営する先進グローバル教育のフリースクールで小学一年生に混じって英語と日本語とプログラミングを勉強しています（ちなみにこのフリースクールには茂木健一郎が出資してくれています）。

本が出版された翌年の三月一一日、二万人近い死者・行方不明者を出した大災害が日本を襲いました。大津波を受けて全電源を喪失した福島第一原子力発電所の事故により、大勢の人々が避難を余儀なくされ、原子力発電の安全神話も崩れ、科学技術関係者に大きな衝撃を与えました。

「思考」は状況に応じて柔軟に変えてゆく必要があります。結論ありきではなく、また、持論に固執し続けるのでもなく、世界の将来を見据《す》えて常に修正し続けなくてはなりません。

娘が成長するにつれ、私は到来しつつある人工知能・ロボット社会に子供たちが対処できるような教育について考え始めました。三〇年後には人工知能が同時通訳をしてくれるから英会話を学ぶ必要がなくなり、人工知能がプログラムを書くようになるからプログラミングの素養も必要なくなる……短絡的にそう考えれば、英語とプログラミングを謳う教育をいま立ち上げることに意味はないでしょう。でも、私の「思考」は、数多くの専門家への取材を通じて、「グローバル言語としての英語の地位は今後数十年は変わらないし、異文化への理解はますます重要になる」「プログラムを書く人工知能を統括する立場の人間のプログラマーは、いまより格段に重要になる」という将来を思い描いているのです。

原子力発電に対する私の考えも大きく変わりました。でも、「原発怖いからぜんぶ自然エネルギーにしよう」という短絡的な考えではなく、国民と原発立地地域および隣接する地域の合意を前提に、原発再稼働の是非について議論を尽くし、数十年かけて、エネルギーの最善のミックス方法を模索すべきだという「思考」になってきたのです。原発ありきでもなければ、原発反対でもありません。

結論ありきのイデオロギーではなく、科学技術や政治経済の知識を整理整頓し、現状を冷静に分析し、日本の未来について本気で「思考」を巡らせること。人間は感情の生き物なので、それを実践するのは、とてつもなく難しいことです。でも、日本が困難な状況に置かれている今、「思考」の大切さを読者の皆様にお伝えすることができるのなら、本書を文庫として出版することにも少しは意義があるかもしれません。

文庫化にあたっては講談社の青山遊さんにお世話になりました。ここに記して感謝の意を表したいと思います。

平成二八年　フリースクールの片隅にて　竹内薫

本書は、二〇一〇年に小社より刊行された同名書を、
改稿の上、文庫化したものです。

竹内薫－1960年、東京都生まれ。東京大学理学部物理学科卒業。カナダ・マギル大学大学院博士課程修了。理学博士。ノンフィクションとフィクションを股にかけるサイエンスライター。現在は、テレビ番組『サイエンスZERO』(NHK)、『ひるおび!』『あさチャン!』(TBS系列) 出演。著書多数。フリースクールYES International School校長。

茂木健一郎－1962年、東京都生まれ。東京大学大学院理学系研究科物理学専攻課程修了。理学博士。理化学研究所などを経て、現在、ソニーコンピュータサイエンス研究所シニアリサーチャー。専門は脳科学、認知科学。「クオリア」をキーワードに脳と心の関係を研究するとともに、文芸評論、美術評論にも取り組んでいる。著書多数。

講談社+α文庫 思考《しこう》のレッスン
――発想の原点はどこにあるのか

2016年 8 月18日第 1 刷発行

発行者――――鈴木 哲
発行所――――株式会社 講談社
東京都文京区音羽2-12-21 〒112-8001
電話 編集(03)5395-3522
販売(03)5395-4415
業務(03)5395-3615
デザイン―――鈴木成一デザイン室
カバー印刷――凸版印刷株式会社
本文データ制作――講談社デジタル製作
印刷――――豊国印刷株式会社
製本――――株式会社国宝社

落丁本・乱丁本は購入書店名を明記のうえ、小社業務あてにお送りください。
送料は小社負担にてお取り替えします。
なお、この本の内容についてのお問い合わせは
第一事業局企画部「+α文庫」あてにお願いいたします。
Printed in Japan ISBN978-4-06-281684-7
定価はカバーに表示してあります。

私も運命が変わった！ 超具体的「引き寄せ」実現のコツ	水谷友紀子	〝引き寄せの達人〟第2弾を待望の文庫化 引き寄せのコツがわかって毎日が魔法になる！	670円	A 148-2
質素な性格	吉行和子	簡単な道具で、楽しく掃除！ 仕事で忙しくしながらも、私の部屋がきれいな秘訣	580円	A 149-1
ホ・オポノポノ ライフ ほんとうの自分を取り戻し、豊かに生きる	カマイリ・ラファエロヴィッチ 平良アイリーン＝訳	ハワイに伝わる問題解決法、ホ・オポノポノの決定書。日々の悩みに具体的にアドバイス	890円	A 150-1
100歳の幸福論。 ひとりで楽しく暮らす、5つの秘訣	笹本恒子	100歳の現役写真家・笹本恒子が明かす、ひとりでも楽しい〝バラ色の人生〟のつくり方！	830円	A 151-1
*空海ベスト名文 「ありのまま」に生きる	川辺秀美	名文を味わいながら、実生活で役立つ空海の教えに触れる。人生を変える、心の整え方	720円	A 152-1
出口汪の「日本の名作」が面白いほどわかる	出口汪	カリスマ現代文講師が、講義形式で日本近代文学の名作に隠された秘密を解き明かす！	680円	A 153-1
モテる男の即効フレーズ 女性心理学者が教える	塚越友子	女性と話すのが苦手な男性も、もっとモテたい男性も必読！ 女心をつかむ鉄板フレーズ集	700円	A 154-1
大人のADHD 片づけられない！ 間に合わない！ をなくす本	司馬理英子	「片づけられない」「間に合わない」……大人のADHDを専門医がわかりやすく解説	580円	A 155-1
裸でも生きる 25歳女性起業家の号泣戦記	山口絵理子	途上国発ブランド「マザーハウス」を0から立ち上げた軌跡を綴ったノンフィクション	660円	A 156-1
裸でも生きる2 Keep Walking 私は歩き続ける	山口絵理子	ベストセラー続編登場！ 0から1を生み出し歩み続ける力とは？ 心を揺さぶる感動実話	660円	A 156-2

＊印は書き下ろし・オリジナル作品

表示価格はすべて本体価格（税別）です。本体価格は変更することがあります